Riscaldamento Globale: Un Piano d'Azione per il Pianeta

Strategie, Soluzioni e Sforzi Collettivi per Combattere il Cambiamento Climatico e Promuovere la Sostenibilità Globale

Futuro e Presente Edizioni

1. **Introduzione al riscaldamento globale**: Spiegare cosa è, come avviene, e le sue cause principali.

2. **Impatto sulle calotte glaciali e il livello del mare**: Esaminare le conseguenze del riscaldamento globale sui ghiacciai e sugli oceani.

3. **Effetti sui sistemi meteorologici**: Analizzare come il riscaldamento globale influisce sul clima, inclusi fenomeni estremi come uragani e siccità.

4. **Biodiversità e estinzione delle specie**: Discutere l'impatto del cambiamento climatico sulla flora e fauna selvatica, e l'aumento delle estinzioni.

5. **Conseguenze sulla salute umana**: Esplorare le implicazioni del riscaldamento globale sulla salute pubblica, inclusi rischi di malattie e inquinamento.

6. **Impatto sull'agricoltura e la sicurezza alimentare**: Valutare come il cambiamento climatico influisce sulla produzione di cibo e sulla disponibilità alimentare.

7. **Conseguenze economiche**: Analizzare l'impatto economico del riscaldamento globale, inclusi i costi di mitigazione e adattamento.

8. **Disuguaglianza e impatti sociali**: Discutere come il cambiamento climatico influisca in modo sproporzionato su comunità vulnerabili e povere.

9. **Energia rinnovabile**: Esplorare soluzioni basate sull'energia rinnovabile come solare, eolico, idroelettrico e geotermico.

10. **Efficienza energetica**: Promuovere pratiche di risparmio energetico nell'industria, nelle abitazioni e nei trasporti.

11. **Riduzione delle emissioni**: Strategie per ridurre le emissioni di gas serra attraverso l'innovazione tecnologica e la regolamentazione.

12. **Rimboschimento e gestione delle foreste**: L'importanza delle foreste nel sequestrare CO_2 e come possiamo proteggere e ripristinare questi ecosistemi.

13. **Agricoltura sostenibile**: Pratiche agricole che riducono l'impatto ambientale e contribuiscono alla sicurezza alimentare.

14. **Città sostenibili**: Progettazione urbana e infrastrutturale per ridurre l'impronta ecologica delle città.

15. **Mobilità sostenibile**: Promuovere i trasporti pubblici, la mobilità elettrica e le biciclette come alternative ai veicoli a combustibili fossili.

16. **Politiche pubbliche e accordi internazionali**: Analizzare il ruolo dei governi e degli accordi globali come l'Accordo di Parigi nel contrasto al cambiamento climatico.

17. **Economia circolare**: Riduzione, riutilizzo, riciclaggio e recupero dei materiali per minimizzare gli sprechi.

18. **Educazione ambientale**: Sensibilizzare il pubblico sul riscaldamento globale e sull'azione climatica attraverso l'educazione.

19. **Partecipazione della comunità e azione civica**: Coinvolgere le comunità locali in progetti di sostenibilità e iniziative verdi.

20. **Conclusione e chiamata all'azione**: Riassumere i punti chiave e incoraggiare i lettori a prendere misure concrete nella lotta contro il riscaldamento globale.

La Combustione dei Combustibili Fossili: Il Motore del Riscaldamento Globale

La civiltà moderna si è costruita sull'uso dei combustibili fossili. Queste fonti energetiche, che includono petrolio, carbone e gas naturale, hanno alimentato la rivoluzione industriale, trasformato i sistemi di trasporto e supportato lo sviluppo economico globale. Tuttavia, il loro utilizzo ha anche avuto un impatto ambientale profondo e duraturo, al centro del quale c'è il riscaldamento globale.

Come Funziona

La combustione dei combustibili fossili rilascia enormi quantità di anidride carbonica (CO_2) nell'atmosfera. Quando bruciamo questi materiali per produrre energia, il carbonio immagazzinato per milioni di anni viene liberato in forma gassosa. Questo processo aumenta la concentrazione di CO_2 nell'atmosfera, potenziando l'effetto serra naturale della Terra e causando un aumento delle temperature globali.

Impatto Sulla Temperatura Globale

Studi scientifici hanno dimostrato una correlazione diretta tra l'aumento delle concentrazioni di CO_2 nell'atmosfera e l'aumento delle temperature globali. Negli ultimi decenni, le attività umane hanno portato a livelli di CO_2 senza precedenti, con concentrazioni che continuano a salire ogni anno. Questo aumento delle temperature sta influenzando gli ecosistemi globali, causando cambiamenti climatici che si manifestano attraverso eventi meteorologici estremi, innalzamento del livello del mare e alterazioni dei cicli naturali.

Soluzioni ed Alternative

1. **Energia Rinnovabile**: L'adozione su larga scala di fonti energetiche rinnovabili come il solare, l'eolico, l'idroelettrico e il geotermico può ridurre drasticamente la nostra dipendenza dai combustibili fossili.

2. **Efficienza Energetica**: Migliorare l'efficienza energetica in tutti i settori, dalla produzione industriale ai dispositivi elettronici domestici, può ridurre significativamente il consumo di energia e, di conseguenza, le emissioni di CO_2.

3. **Innovazione Tecnologica**: Lo sviluppo e l'implementazione di nuove tecnologie, come la cattura e lo stoccaggio del carbonio, possono aiutare a ridurre l'impatto della CO_2 già rilasciata nell'atmosfera.

4. **Politiche e Regolamentazioni**: Leggi e politiche che promuovono la riduzione delle emissioni, incentivano l'uso di energie pulite e penalizzano le emissioni eccessive possono accelerare la transizione verso un'economia a basso tenore di carbonio.

Conclusione

La sfida del riscaldamento globale è immensa, ma non insormontabile. Con una comprensione approfondita delle cause e un impegno globale verso soluzioni sostenibili, possiamo affrontare la minaccia posta dalla combustione dei combustibili fossili. Educare il pubblico e promuovere un cambiamento nel comportamento individuale e nelle politiche industriali sono passi essenziali per garantire un futuro più fresco e sostenibile per il nostro pianeta.

Questa sezione dovrebbe fornire ai lettori una panoramica chiara della relazione tra la combustione dei combustibili fossili e il riscaldamento globale, evidenziando l'urgenza e le possibilità di azione positiva. Vuoi aggiungere altre informazioni o passare al prossimo punto?

Per esplorare in modo più approfondito la questione della combustione dei combustibili fossili e del suo impatto sul riscaldamento globale, è utile considerare diversi aspetti che illustrano la complessità e l'ubiquità di questo problema.

Origini e Storia

I combustibili fossili, formatisi milioni di anni fa dalla decomposizione di organismi viventi, hanno iniziato a essere utilizzati come fonte di energia su larga scala con l'avvento della rivoluzione industriale nel XVIII secolo. Questo segnò l'inizio di un'era di sviluppo e progresso tecnologico alimentata principalmente da carbone, petrolio e gas naturale. La dipendenza da queste risorse è cresciuta esponenzialmente con l'aumento della popolazione mondiale e l'espansione economica globale.

La Fisica dell'Effetto Serra

L'effetto serra è un processo naturale che riscalda la superficie terrestre. Senza di esso, il nostro pianeta sarebbe troppo freddo per sostenere la vita come la conosciamo. Tuttavia, le attività umane, in particolare la combustione di combustibili fossili, hanno aumentato la concentrazione di gas serra nell'atmosfera, potenziando questo effetto naturale e causando un aumento delle temperature globali.

Le molecole di gas serra, come la CO_2, il metano (CH_4) e l'ossido di azoto (N_2O), trappolano il calore nell'atmosfera terrestre. La CO_2, in particolare, rimane nell'atmosfera per centinaia di anni, il che significa che le emissioni odierne continueranno a influenzare il clima della Terra per generazioni a venire.

Emissioni Globali

La concentrazione atmosferica di CO_2 prima dell'era industriale era di circa 280 parti per milione (ppm). Nel 2021, questa concentrazione ha superato 419 ppm, il livello più alto degli ultimi milioni di anni. Questo aumento è direttamente correlato all'uso dei combustibili fossili, con il settore energetico, i trasporti e l'industria che sono i principali contributori.

Impatti Ambientali e Sociali

Il riscaldamento globale causato dalla combustione dei combustibili fossili ha molteplici impatti negativi sull'ambiente e sulla società. Questi includono:

- **Innalzamento del livello del mare**: A causa dello scioglimento dei ghiacciai e delle calotte glaciali, oltre che dall'espansione termica dell'acqua più calda.

- **Eventi meteorologici estremi**: L'incremento di frequenza e intensità di tempeste, uragani, ondate di calore e siccità.

- **Perdita di biodiversità**: Specie incapaci di adattarsi rapidamente ai cambiamenti climatici sono a rischio di estinzione.

- **Impatti sulla salute**: Aumento delle malattie trasmesse dall'acqua e dall'aria, stress termico e problemi respiratori legati all'inquinamento.

- **Disuguaglianze sociali**: Le comunità più povere e vulnerabili sono le più colpite dagli impatti del cambiamento climatico, nonostante contribuiscano meno alle emissioni globali di gas serra.

Prospettive Future

Nonostante la gravità di questi impatti, ci sono segni positivi che indicano una crescente consapevolezza e azione globale. Gli investimenti nelle energie rinnovabili sono in aumento, e molti paesi si stanno impegnando a ridurre le emissioni di gas serra. La transizione verso un'economia a basso carbonio richiederà però cambiamenti radicali nei modelli di produzione e consumo, nonché l'adozione di politiche ambiziose per incentivare l'innovazione e la sostenibilità.

La comprensione del ruolo cruciale che la combustione dei combustibili fossili gioca nel riscaldamento globale è il primo passo verso il mitigare gli impatti del cambiamento climatico. Mentre il cammino verso un futuro sostenibile è complesso e sfidante, la collaborazione internazionale, l'innovazione tecnologica e l'azione collettiva offrono la speranza di un pianeta più sano e resiliente.

Per approfondire ulteriormente il tema della combustione dei combustibili fossili e il suo ruolo centrale nel riscaldamento globale, è essenziale esplorare le dinamiche economiche, gli impatti a lungo termine e le strategie di mitigazione che sono al centro del dibattito globale sul cambiamento climatico.

Dinamiche Economiche e Sociali

La dipendenza globale dai combustibili fossili è profondamente radicata nelle strutture economiche e sociali che governano il mondo. Queste risorse non solo alimentano l'economia mondiale ma sono anche fonte di potere politico e conflitto. Le nazioni che possiedono ampie riserve di petrolio, carbone e gas naturale spesso esercitano una significativa influenza geopolitica. Questa dipendenza crea una barriera significativa alla transizione verso fonti energetiche più pulite, poiché i cambiamenti minacciano gli interessi economici consolidati e possono avere implicazioni per l'occupazione e le economie locali.

La Sfida della Transizione Energetica

Affrontare il riscaldamento globale richiede una transizione energetica globale: passare dai combustibili fossili a fonti di energia rinnovabile. Questa transizione presenta sfide tecniche, economiche e sociali. Le infrastrutture esistenti per l'estrazione, la trasformazione e il trasporto dei combustibili fossili sono il risultato di decenni di investimenti. La transizione verso le energie rinnovabili richiede investimenti massicci in nuove tecnologie e infrastrutture, oltre a politiche che supportino la ricerca e lo sviluppo, la produzione di energia pulita e l'efficienza energetica.

Innovazione Tecnologica e Soluzioni di Riduzione

Nonostante le sfide, l'innovazione tecnologica offre speranza per ridurre l'impronta di carbonio dell'umanità. Queste innovazioni non si limitano solo allo sviluppo di fonti rinnovabili come il solare e l'eolico ma includono anche tecnologie emergenti come:

- **Cattura e stoccaggio del carbonio (CCS):** Tecnologie che catturano le emissioni di CO_2 da grandi sorgenti puntuali, come le centrali elettriche, e le stoccano sottoterra per impedirne il rilascio nell'atmosfera.

- **Utilizzo del carbonio**: Conversione del CO2 in prodotti utili, come materiali da costruzione o carburanti sintetici, riducendo così le emissioni nette.

- **Energia nucleare**: Sebbene controversa, l'energia nucleare offre una fonte di energia a basse emissioni di carbonio. I nuovi reattori di piccola scala e i progressi nella tecnologia dei reattori potrebbero renderla un'opzione più sicura e sostenibile nel mix energetico globale.

Implicazioni per la Biodiversità e gli Ecosistemi

L'impatto del riscaldamento globale va oltre il clima. La biodiversità e gli ecosistemi terrestri e marini sono profondamente influenzati dall'aumento delle temperature. Gli ecosistemi, già sotto pressione a causa dello sviluppo umano e della perdita di habitat, devono ora affrontare ulteriori stress climatici. Questo include l'acidificazione degli oceani, causata dall'assorbimento di CO2 da parte dei mari, che minaccia la vita marina, in particolare organismi calcificanti come i coralli, essenziali per la biodiversità marina.

Il Ruolo dell'Azione Collettiva e della Responsabilità Individuale

Mentre le soluzioni a grande scala sono cruciali per affrontare il riscaldamento globale, l'azione e la responsabilità individuali svolgono anche un ruolo importante. Modificando il comportamento personale, come ridurre il consumo di energia, utilizzare mezzi di trasporto più verdi e sostenere politiche e pratiche sostenibili, gli individui possono contribuire a un cambiamento significativo. L'educazione e la sensibilizzazione possono amplificare questo impatto, promuovendo una cultura di sostenibilità che supporti la transizione a un futuro a basso tenore di carbonio.

Verso un Futuro Sostenibile

La sfida posta dalla combustione dei combustibili fossili e dal riscaldamento globale è senza dubbio una delle più complesse che l'umanità abbia mai affrontato. Richiede un approccio multidisciplinare che integri scienza, tecnologia, politica, economia e azione sociale. La collaborazione internazionale, unita all'impegno delle comunità locali, delle aziende e degli individui, è fondamentale per spostare la traiettoria attuale verso un futuro più sostenibile e resiliente.

Affrontare in profondità il problema della combustione dei combustibili fossili e del suo impatto sul riscaldamento globale richiede di esplorare le complesse intersezioni tra economia, società, politica e tecnologia. Un aspetto cruciale è comprendere non solo le immediate conseguenze ambientali ma anche le ramificazioni a lungo termine per la sostenibilità globale e la giustizia climatica.

La Dimensione della Giustizia Climatica

La questione del riscaldamento globale tocca profondamente il tema della giustizia climatica. Le nazioni e le popolazioni che hanno contribuito meno alle emissioni storiche di gas serra sono spesso quelle più vulnerabili agli impatti del cambiamento climatico. Questo include nazioni insulari che affrontano l'innalzamento del livello del mare, o comunità agricole in paesi in via di sviluppo che subiscono le conseguenze di siccità e inondazioni più severe. La giustizia climatica richiede un riconoscimento di queste disuguaglianze e un impegno collettivo per affrontarle, attraverso finanziamenti per l'adattamento al clima, trasferimenti di tecnologia e supporto allo sviluppo sostenibile.

Ruolo dei Mercati del Carbonio

Un altro strumento per affrontare il riscaldamento globale è lo sviluppo di mercati del carbonio. Questi sistemi cercano di limitare le emissioni globali attraverso il commercio di permessi di emissione. Le aziende o i paesi che riducono le loro emissioni oltre un certo limite possono vendere "crediti di carbonio" a coloro che emettono di più, incentivando finanziariamente la riduzione delle emissioni. Tuttavia, questi sistemi sono complessi e controversi, con critiche che riguardano la loro efficacia e la possibilità di "greenwashing", ovvero pratiche che danno l'impressione di ridurre l'impatto ambientale senza apportare cambiamenti significativi.

Tecnologie Emergenti e Rischi Associati

Oltre alle tecnologie di cattura e stoccaggio del carbonio e all'energia rinnovabile, ci sono approcci emergenti come l'ingegneria climatica o geoingegneria, che mirano a intervenire direttamente sui sistemi climatici della Terra per ridurre il riscaldamento globale. Questi includono tecniche come l'aumento della riflettività delle nuvole o la rimozione diretta del CO_2 dall'atmosfera. Tuttavia, queste tecnologie presentano rischi significativi e incertezze scientifiche, sollevando preoccupazioni etiche e questioni di governance su chi ha il diritto di implementare tali interventi su scala planetaria.

Mobilitazione Sociale e Cambiamento Culturale

La lotta contro il riscaldamento globale richiede anche un cambiamento culturale profondo, con una maggiore consapevolezza e impegno individuale e collettivo verso stili di vita sostenibili. Movimenti sociali come Fridays for Future hanno dimostrato l'importanza della mobilitazione civica, in particolare tra le giovani generazioni, nel richiamare l'attenzione dei governi e del settore privato sull'urgenza di azioni climatiche. Questa crescente consapevolezza pubblica può accelerare il passaggio a economie basate sulla sostenibilità, promuovere comportamenti responsabili

e sostenere politiche ambiziose di mitigazione e
adattamento al cambiamento climatico.

Implicazioni per la Salute Pubblica

L'impatto del riscaldamento globale sulla salute
pubblica è un'altra dimensione critica. L'aumento delle
temperature e l'alterazione dei modelli climatici
influenzano la diffusione di malattie infettive, la qualità
dell'aria, la sicurezza alimentare e l'accesso all'acqua
potabile. Affrontare il riscaldamento globale è quindi
anche una questione di salute pubblica, richiedendo
politiche integrate che tengano conto degli impatti
sanitari del cambiamento climatico e promuovano
sistemi di salute resiliente.

Verso un'Etica della Sostenibilità

Infine, la sfida del riscaldamento globale invita a una
riflessione più ampia sull'etica della sostenibilità: il
nostro dovere verso le generazioni future e il mondo
naturale. Richiede un esame critico dei valori e dei
modelli di consumo che hanno guidato lo sviluppo
economico finora e l'esplorazione di nuove visioni per
un futuro in cui l'umanità vive in armonia con il resto
del pianeta. La transizione verso questo futuro richiede
innovazioni non solo tecnologiche ed economiche ma
anche sociali, culturali e morali.

La questione della combustione dei combustibili fossili
e il suo ruolo centrale nel riscaldamento globale ci
porta a confrontarci con una delle sfide più complesse
e pervasive del nostro tempo. Questa sfida è

profondamente intrecciata con i sistemi economici, politici, sociali e tecnologici che costituiscono il tessuto della società moderna. Tuttavia, affrontare questa sfida offre anche l'opportunità di reimagineare e ricostruire il nostro mondo in modi più sostenibili, equi e resilienti.

La Necessità di Azione Integrata

Il superamento della dipendenza dai combustibili fossili richiede un'azione coordinata e integrata su più fronti. Ciò include lo sviluppo e l'adozione di tecnologie energetiche rinnovabili, l'implementazione di politiche efficaci per ridurre le emissioni di gas serra, e il sostegno a soluzioni basate sulla natura che migliorino la capacità del nostro pianeta di assorbire CO_2. Inoltre, è essenziale promuovere l'efficienza energetica in tutti i settori dell'economia e incoraggiare modelli di consumo sostenibile tra i singoli consumatori.

Riorientare l'Economia Globale

Riorientare l'economia globale verso la sostenibilità implica rivedere i modelli di crescita economica che hanno dominato negli ultimi secoli. Ciò significa valutare il successo economico non solo in termini di PIL ma anche attraverso misure che tengano conto della salute ambientale, della giustizia sociale e del benessere a lungo termine. Le economie circolari, che minimizzano lo spreco e massimizzano il riutilizzo e il riciclo delle risorse, insieme all'innovazione in tecnologie verdi, possono guidare questa transizione.

La Governance Globale del Clima

Una risposta efficace al riscaldamento globale richiede anche una governance globale del clima che trascenda i confini nazionali e incoraggi la cooperazione internazionale. Gli accordi internazionali, come l'Accordo di Parigi, sono passi importanti in questa direzione, ma devono essere implementati con maggiore ambizione e urgenza. La giustizia climatica deve essere al centro di queste iniziative, assicurando che i paesi e le popolazioni più vulnerabili ricevano il sostegno necessario per adattarsi agli impatti del cambiamento climatico.

Innovazione e Adattamento

L'innovazione tecnologica offre potenti strumenti per affrontare il riscaldamento globale, ma la sua efficacia dipende dalla volontà politica e dall'adozione su larga scala. Parallelamente, le società devono anche adattarsi agli impatti inevitabili del cambiamento climatico, costruendo resilienza attraverso infrastrutture sostenibili, pratiche agricole resilienti al clima e sistemi di gestione delle risorse idriche.

La Mobilitazione Sociale come Fattore di Cambiamento

La mobilitazione sociale riveste un ruolo cruciale nel promuovere il cambiamento. La crescente consapevolezza e impegno civico per il clima possono accelerare l'azione politica e imprenditoriale, stimolando l'adozione di pratiche sostenibili a tutti i livelli della società. L'istruzione e la comunicazione svolgono un ruolo fondamentale nell'empowerment degli individui e delle comunità per agire in modi che sostengano la sostenibilità e la giustizia climatica.

Conclusione: Verso un Futuro Sostenibile

In conclusione, mentre la sfida posta dalla combustione dei combustibili fossili e dal riscaldamento globale è immensa, così lo è l'opportunità di forgiare un futuro più sostenibile. Questo richiede un cambio di paradigma in come pensiamo e agiamo riguardo all'energia, all'economia e alla società. La transizione verso un mondo a basse emissioni di carbonio è non solo necessaria ma anche possibile con l'innovazione, la determinazione e la cooperazione globale. Affrontare efficacemente il riscaldamento globale richiederà sacrifici, cambiamenti e impegno su scala senza precedenti, ma è un imperativo etico e pratico per garantire il benessere delle future generazioni e la salute del nostro pianeta.

2. Impatto sulle calotte glaciali e il livello del mare: Esaminare le conseguenze del riscaldamento globale sui ghiacciai e sugli oceani.

L'impatto del riscaldamento globale sulle calotte glaciali e sul livello del mare rappresenta uno dei cambiamenti ambientali più visibili e preoccupanti indotti dalle attività umane. Questa sezione esplora in dettaglio le conseguenze del riscaldamento globale sui ghiacciai, sulle calotte polari e sugli oceani, mettendo in luce le implicazioni a lungo termine per gli ecosistemi naturali, le comunità umane e la biodiversità globale.

Scioglimento delle Calotte Glaciali e dei Ghiacciai

I ghiacciai e le calotte glaciali, che si trovano in regioni polari come l'Antartide e l'Artico, nonché in zone montuose in tutto il mondo, stanno subendo un tasso di scioglimento senza precedenti. Questo fenomeno è direttamente collegato all'aumento delle temperature globali:

- **Riduzione della Riflettività (Albedo)**: Le superfici ghiacciate riflettono una grande parte della radiazione solare nello spazio. Man mano che i ghiacciai si ritirano, meno energia solare viene riflessa, accelerando il riscaldamento locale e globale in un ciclo di feedback positivo.

- **Impatti sui Sistemi Idrici**: Lo scioglimento dei ghiacciai influisce sui sistemi idrici globali, alterando i modelli di flusso dei fiumi. Questo ha profonde implicazioni per l'acqua potabile, l'agricoltura e la produzione idroelettrica in molte parti del mondo.

- **Perdita di Habitat**: La riduzione dei ghiacciai comporta anche la perdita di habitat per specie specializzate, influenzando la biodiversità in ecosistemi sensibili.

Innalzamento del Livello del Mare

L'aumento del livello del mare è un'altra conseguenza diretta del riscaldamento globale, risultante principalmente dallo scioglimento delle calotte glaciali e dei ghiacciai, nonché dall'espansione termica dell'acqua a causa del riscaldamento degli oceani:

- **Espansione Termica**: Quando l'acqua si riscalda, si espande. Questo fenomeno, noto come espansione termica, contribuisce significativamente all'innalzamento del livello del mare, con implicazioni dirette per le zone costiere abitate.

- **Inondazioni Costiere e Erosione**: L'aumento del livello del mare porta a inondazioni più frequenti e severe, nonché all'erosione delle coste, minacciando comunità, ecosistemi e infrastrutture lungo le coste di tutto il mondo.

- **Impatti sui Paesi Insulari e sulle Comunità Costiere**: Le nazioni insulari e le comunità costiere sono particolarmente vulnerabili. L'innalzamento del livello del mare può portare alla perdita di territorio, influenzando l'abitabilità, l'economia e la sovranità di intere nazioni.

Acidificazione degli Oceani

Oltre all'innalzamento del livello del mare, gli oceani assorbono una grande quantità di CO2 emessa nell'atmosfera, portando all'acidificazione degli oceani. Questo cambiamento nella composizione chimica dell'acqua oceanica ha effetti devastanti sulla vita marina:

- **Impatti sulla Vita Marina**: L'acidificazione colpisce organismi calcarei come coralli, molluschi e alcune specie di plancton, che sono fondamentali per la catena alimentare marina. La perdita di questi organismi minaccia l'intero ecosistema marino, comprese le specie ittiche di cui l'uomo si nutre.

- **Danneggiamento delle Barriere Coralline**: Le barriere coralline, spesso descritte come le "foreste pluviali degli oceani" per la loro incredibile biodiversità, sono particolarmente sensibili all'acidificazione e al riscaldamento delle acque. Il loro declino ha impatti drammatici sulla biodiversità marina e sulle comunità umane che dipendono da queste per il cibo, il turismo e la protezione dalle tempeste.

Conclusione

Le conseguenze del riscaldamento globale sulle calotte glaciali, sui ghiacciai e sugli oceani sono profonde e interconnesse, con impatti che si estendono ben oltre i sistemi naturali per toccare ogni aspetto della vita umana. La comprensione di questi impatti è cruciale per guidare le politiche di mitigazione e adattamento al cambiamento climatico, per proteggere non solo gli ecosistemi naturali ma anche le comunità umane vulnerabili in tutto il mondo. La risposta globale a queste sfide richiede un'azione immediata e coordinata per ridurre le emissioni di gas serra, proteggere e ripristinare gli ecosistemi vulnerabili, e preparare le società ad affrontare i cambiamenti già in corso.

Per approfondire ulteriormente l'argomento relativo all'impatto del riscaldamento globale sulle calotte glaciali, sui ghiacciai e sugli oceani, è essenziale considerare diversi livelli di interazione e le potenziali conseguenze a lungo termine per il pianeta e l'umanità.

Interazione tra Ghiacciai e Ecosistemi Terrestri

Lo scioglimento dei ghiacciai non solo influisce direttamente sui livelli dell'acqua ma modifica anche gli ecosistemi terrestri circostanti. Le aree precedentemente coperte da ghiaccio vedono un cambiamento nel tipo di vegetazione e nelle specie animali che possono sopravvivere e prosperare, portando a cambiamenti negli ecosistemi locali.

- **Modifiche nel Paesaggio**: Il ritiro dei ghiacciai modifica il paesaggio, creando nuovi laghi glaciali ma anche potenzialmente provocando inondazioni improvvise quando le dighe naturali formate dal ghiaccio crollano.

- **Impatti sull'Idrologia**: La fusione dei ghiacciai influisce sui modelli idrologici, alterando la quantità e la tempistica del deflusso d'acqua nei bacini fluviali. Questo ha implicazioni significative per le risorse idriche, l'agricoltura e gli habitat acquatici.

Variazioni della Circolazione Oceanica

Il riscaldamento globale e l'apporto di acqua dolce dagli scioglimenti glaciali possono influenzare la circolazione termoalina, un sistema di correnti oceaniche che trasporta calore in tutto il mondo. La modifica di questi modelli di circolazione ha il potenziale per alterare i climi regionali in modi imprevedibili.

- **Cambiamenti nei Modelli Climatici**: La circolazione termoalina agisce come una cinghia trasportatrice, spostando l'acqua calda e fredda attraverso gli oceani del mondo. Una sua alterazione può portare a cambiamenti significativi nel clima globale, influenzando le condizioni meteorologiche, i modelli delle precipitazioni e persino provocando un raffreddamento in alcune parti del mondo nonostante il trend globale di riscaldamento.

Rischi per la Sicurezza Alimentare

L'aumento del livello del mare e i cambiamenti negli ecosistemi marini hanno implicazioni dirette per la sicurezza alimentare globale. La pesca, che fornisce una fonte cruciale di proteine per miliardi di persone, può essere gravemente compromessa dall'acidificazione degli oceani e dai cambiamenti nelle temperature e nelle correnti oceaniche.

- **Impatto sulla Pesca**: Le specie ittiche possono migrare verso acque più fredde o morire a causa delle alterate condizioni marine, riducendo le catture in regioni che dipendono dalla pesca per l'economia e la nutrizione.

Implicazioni per le Popolazioni Costiere

Le comunità costiere sono tra le più vulnerabili agli impatti combinati dell'innalzamento del livello del mare, delle tempeste più intense e dell'erosione costiera. L'aumento del livello del mare minaccia di sommergere le terre basse, contaminare le riserve di acqua dolce con acqua salata e aumentare la frequenza e la severità delle inondazioni costiere.

- **Migrazioni Forzate**: Milioni di persone potrebbero essere costrette a lasciare le loro case a causa dell'innalzamento del livello del mare, creando grandi flussi di rifugiati climatici. Questo scenario pone sfide significative in termini di alloggio, servizi e conflitti sociali nelle regioni che accolgono queste popolazioni spostate.

Connettività Globale e Risposta

L'interconnessione tra scioglimento dei ghiacciai, innalzamento del livello del mare e acidificazione degli oceani sottolinea l'interdipendenza dei sistemi naturali del nostro pianeta. Una risposta efficace a queste sfide richiede un approccio globale che includa:

- **Riduzione delle Emissioni di Gas Serra**: Limitare il riscaldamento globale a livelli che minimizzino ulteriori danni alle calotte glaciali e agli oceani.

- **Adattamento e Resilienza**: Sviluppare strategie per aumentare la resilienza delle comunità umane e degli ecosistemi naturali agli impatti del cambiamento climatico.

- **Cooperazione Internazionale**: Affrontare i cambiamenti nei sistemi glaciali e oceanici richiede cooperazione e azione coordinate a livello globale, data la natura transfrontaliera di molti di questi impatti.

In conclusione, mentre gli effetti del riscaldamento globale sulle calotte glaciali, sui ghiacciai e sugli oceani sono profondi e ampiamente interconnessi, la comprensione e l'azione collettiva possono aiutare a mitigare alcuni degli impatti più devastanti e a navigare verso un futuro più sostenibile e resiliente.

Nel contesto dell'impatto del riscaldamento globale sulle calotte glaciali, i ghiacciai e il livello del mare, è cruciale esaminare ulteriori dimensioni e implicazioni di questi cambiamenti ambientali, comprese le risposte ecologiche, economiche e sociali a livello globale.

Interazioni Ecologiche Complesse

Il ritiro dei ghiacciai e il cambiamento degli ambienti marini influenzano complesse reti ecologiche, con effetti a cascata che possono essere difficili da prevedere. Ad esempio, la riduzione del ghiaccio marino nell'Artico altera l'habitat di specie chiave come l'orso polare e la foca, che dipendono dal ghiaccio marino per cacciare. Questi cambiamenti possono avere effetti indiretti su tutta la catena alimentare, influenzando la biodiversità e l'equilibrio degli ecosistemi polari.

- **Cambiamenti nella Catena Alimentare Marina**: L'acidificazione degli oceani e i cambiamenti termici influenzano la distribuzione e la disponibilità di plancton, alla base della catena alimentare marina. Questo impatta specie ittiche commercialmente importanti e mammiferi marini, con conseguenze per gli ecosistemi marini e le economie che dipendono dalla pesca.

Impatti Economici e Infrastrutturali

L'innalzamento del livello del mare rappresenta una minaccia significativa per le infrastrutture costiere, con impatti economici diretti e indiretti. Le zone costiere densamente popolate e i piccoli stati insulari sono particolarmente a rischio. L'erosione costiera, le inondazioni salmastre e le tempeste più intense possono danneggiare infrastrutture critiche come porti, aeroporti e sistemi di drenaggio urbano, oltre a influenzare l'industria del turismo, vitale per molte economie insulari e costiere.

- **Sicurezza Alimentare**: La perdita di terreni agricoli a causa dell'innalzamento del livello del mare e delle inondazioni salmastre compromette la sicurezza alimentare in molte regioni del mondo. Inoltre, la diminuzione delle catture ittiche a causa dei cambiamenti negli ecosistemi marini può esacerbare questi problemi alimentari.

Questioni di Giustizia e Equità

Il riscaldamento globale e i suoi impatti sull'innalzamento del livello del mare e sugli ecosistemi glaciali sollevano questioni profonde di giustizia ed equità. Le popolazioni più vulnerabili, spesso quelle che hanno contribuito meno alle emissioni di gas serra, sono le più colpite dai cambiamenti climatici. La necessità di politiche di adattamento e mitigazione efficaci è urgente per proteggere queste comunità e garantire che non vengano lasciate indietro nella transizione verso un futuro più sostenibile.

- **Sfide di Adattamento**: Le strategie di adattamento, come la costruzione di barriere contro le inondazioni o la ricollocazione delle comunità vulnerabili, richiedono risorse significative. La distribuzione equa di queste risorse è fondamentale per affrontare le disuguaglianze esistenti e garantire che tutti abbiano la capacità di adattarsi agli impatti del cambiamento climatico.

Risposta Globale e Locale

Mentre la risposta globale al cambiamento climatico attraverso iniziative come l'Accordo di Parigi è fondamentale, altrettanto importanti sono le azioni a livello locale e regionale. Le comunità locali spesso possiedono conoscenze uniche e strategie di adattamento che possono informare soluzioni più ampie e sostenibili. Inoltre, l'azione locale può essere più rapida e adattata alle specificità culturali e ambientali di una regione.

- **Tecnologie Innovative**: Dalla bioingegneria che protegge le coste dall'erosione fino all'utilizzo di satelliti per monitorare i cambiamenti nelle calotte glaciali, le tecnologie innovative giocano un ruolo chiave nel comprendere e mitigare gli impatti del riscaldamento globale.

- **Educazione e Sensibilizzazione**: Aumentare la consapevolezza pubblica sull'impatto del riscaldamento globale sulle calotte glaciali, i ghiacciai e il livello del mare è essenziale per catalizzare l'azione collettiva. L'educazione ambientale può incoraggiare comportamenti sostenibili e supportare le politiche di mitigazione del cambiamento climatico.

In sintesi, l'impatto del riscaldamento globale sulle calotte glaciali, i ghiacciai e il livello del mare evidenzia la complessità e l'interconnessione dei sistemi naturali del nostro pianeta. Affrontare queste sfide richiede un impegno congiunto da parte della comunità internazionale, delle istituzioni locali, delle imprese e dei singoli, mirato a ridurre le emissioni di gas serra e a implementare strategie efficaci di adattamento e mitigazione.

La questione dell'impatto del riscaldamento globale sulle calotte glaciali, sui ghiacciai e sul livello del mare è una delle sfide ambientali più pressanti e complesse del nostro tempo. Questo fenomeno interconnesso non solo mette a rischio gli ecosistemi polari e marini ma minaccia anche la sicurezza alimentare, le infrastrutture, e le comunità costiere e insulari in tutto il mondo. La portata globale e la natura interconnessa di questi impatti richiedono una risposta comprensiva che integri conoscenze scientifiche, azione politica, innovazione tecnologica e mobilitazione sociale.

Integrazione della Conoscenza Scientifica

Una comprensione approfondita e continuamente aggiornata degli impatti del riscaldamento globale è fondamentale per informare le politiche di mitigazione e adattamento. La ricerca scientifica fornisce dati essenziali sul tasso di scioglimento dei ghiacciai, sull'innalzamento del livello del mare e sull'acidificazione degli oceani, consentendo di modellare scenari futuri e di pianificare risposte appropriate. Questa conoscenza deve essere resa accessibile ai decisori politici, alle imprese e al

pubblico per facilitare decisioni informate e azioni
efficaci.

Azione Politica Coordinata

L'azione politica, sia a livello internazionale che locale,
è cruciale per affrontare le cause e gli effetti del
riscaldamento globale. Accordi globali come l'Accordo
di Parigi stabiliscono un quadro per la riduzione delle
emissioni di gas serra, ma devono essere implementati
con impegno e ambizione rinnovati. Allo stesso tempo,
le politiche locali possono adattarsi alle specificità
regionali e incoraggiare pratiche sostenibili tra le
comunità e le industrie. La legislazione può favorire la
transizione verso energie rinnovabili, migliorare
l'efficienza energetica e proteggere gli ecosistemi
vulnerabili.

Innovazione Tecnologica

La tecnologia gioca un ruolo chiave nell'indirizzare gli
impatti del riscaldamento globale. Dalle energie
rinnovabili che riducono la dipendenza dai
combustibili fossili alle soluzioni di ingegneria
climatica che mirano a mitigare gli effetti del
cambiamento climatico, l'innovazione tecnologica offre
strumenti vitali per una transizione verso un futuro a
basse emissioni di carbonio. Inoltre, la tecnologia può
aiutare a monitorare i cambiamenti ambientali in
tempo reale, fornendo dati preziosi per la ricerca e la
pianificazione.

Mobilitazione Sociale

L'impegno e l'azione collettiva di individui e comunità sono indispensabili per stimolare il cambiamento. La crescente consapevolezza e preoccupazione per il cambiamento climatico hanno già portato a una maggiore mobilitazione sociale in tutto il mondo, esercitando pressione sui governi e sulle aziende per adottare pratiche più sostenibili. L'educazione ambientale, le campagne di sensibilizzazione e il sostegno alle iniziative locali possono rafforzare questo movimento globale verso la sostenibilità.

Verso un Futuro Sostenibile e Resiliente

In conclusione, gli impatti del riscaldamento globale sulle calotte glaciali, sui ghiacciai e sul livello del mare rappresentano una sfida multidimensionale che richiede una risposta olistica e coordinata. Mentre la scala e la complessità di questi problemi possono sembrare scoraggianti, esiste anche un'opportunità senza precedenti per unire scienza, politica, tecnologia e azione sociale in un sforzo congiunto per costruire un futuro più sostenibile e resiliente. Attraverso l'impegno congiunto e l'azione determinata, possiamo mitigare gli impatti più gravi del cambiamento climatico e garantire la protezione dei nostri ecosistemi, delle nostre economie e delle nostre comunità per le generazioni future. La velocità e l'efficacia con cui agiamo oggi determineranno la qualità della vita sulla Terra nei decenni e nei secoli a venire.

3. Effetti sui sistemi meteorologici: Analizzare come il riscaldamento globale influisce sul clima, inclusi fenomeni estremi come uragani e siccità.

Il riscaldamento globale esercita un'influenza profonda sui sistemi meteorologici della Terra, modificando i modelli climatici esistenti e aumentando la frequenza e l'intensità di eventi meteorologici estremi. Questi cambiamenti hanno implicazioni significative per gli ecosistemi, le economie e le società umane a livello globale. Esploriamo come il riscaldamento globale impatta specificamente il clima, focalizzandoci su fenomeni estremi come uragani e siccità.

Intensificazione degli Uragani

Il riscaldamento globale contribuisce all'intensificazione degli uragani in vari modi:

- **Aumento della Temperatura dell'Oceano**: Gli uragani traggono energia dalle acque superficiali calde degli oceani. L'aumento delle temperature oceaniche, risultato del riscaldamento globale, fornisce più energia agli uragani, potenziando la loro intensità.

- **Maggiore Umidità Atmosferica**: Il riscaldamento globale aumenta l'evaporazione, arricchendo l'atmosfera di umidità. Questo contribuisce a precipitazioni più intense durante gli eventi di uragano, aumentando il rischio di inondazioni devastanti.

- **Innalzamento del Livello del Mare**:
  L'innalzamento del livello del mare esacerbato
  dal riscaldamento globale aumenta l'impatto
  delle onde di tempesta associate agli uragani,
  portando a inondazioni costiere più gravi.

Aggravamento delle Siccità

Il riscaldamento globale influisce anche sui modelli di
siccità in vari modi:

- **Alterazione dei Modelli di Precipitazioni**:
  Il cambiamento climatico può modificare i
  modelli di precipitazioni globali, rendendo
  alcune regioni più secche. Questo è dovuto in
  parte al cambiamento della circolazione
  atmosferica e al riscaldamento delle aree
  terrestri.

- **Evaporazione Accresciuta**: Temperature più
  elevate aumentano i tassi di evaporazione dal
  suolo e dalle superfici d'acqua, riducendo
  ulteriormente la disponibilità di acqua e
  aggravando le condizioni di siccità.

- **Riduzione del Deflusso**: L'aumento delle
  temperature influisce sulla disponibilità di acqua
  dolce riducendo il deflusso da neve e ghiaccio,
  una fonte cruciale di acqua per molte regioni del
  mondo durante i mesi più secchi.

Cambiamenti nei Modelli Climatici

Oltre agli uragani e alle siccità, il riscaldamento globale sta modificando i modelli climatici in modi che influenzano una vasta gamma di fenomeni meteorologici:

- **Onde di Calore più Frequenti e Intense**: Il riscaldamento globale sta aumentando la frequenza, la durata e l'intensità delle ondate di calore, con effetti diretti sulla salute umana, sull'agricoltura e sugli ecosistemi.

- **Modelli di Precipitazione Alterati**: Alcune regioni sperimentano un aumento delle precipitazioni e un maggiore rischio di inondazioni, mentre altre vedono una diminuzione delle precipitazioni, che porta a condizioni più aride.

- **Eventi Meteo Estremi più Frequenti**: Il riscaldamento globale è associato a un aumento della frequenza e dell'intensità di eventi meteorologici estremi, inclusi temporali severi, inondazioni, tempeste di neve e gelate.

Conclusioni

Gli effetti del riscaldamento globale sui sistemi meteorologici sono complessi e interconnessi. Mentre gli scienziati continuano a studiare e modellare questi impatti, è chiaro che il cambiamento climatico sta già modificando i modelli meteorologici in modo significativo. Questi cambiamenti presentano sfide significative per la preparazione e l'adattamento, richiedendo azioni coordinate a livello globale, nazionale e locale. Affrontare le cause sottostanti del riscaldamento globale e implementare strategie efficaci di mitigazione e adattamento sono passi critici per ridurre i rischi e proteggere le comunità vulnerabili.

Per approfondire ulteriormente l'analisi sugli effetti del riscaldamento globale sui sistemi meteorologici, esploriamo dimensioni aggiuntive e conseguenze a lungo termine di questi cambiamenti, evidenziando la complessità e le sfide poste da fenomeni estremi come uragani e siccità.

Variazioni nelle Correnti a Getto

Il riscaldamento globale influisce sulle correnti a getto, forti flussi d'aria ad alta quota che circolano intorno al pianeta. Queste correnti sono guidate dalle differenze di temperatura tra le regioni polari e quelle equatoriali. Con l'aumento delle temperature polari a un ritmo più veloce rispetto a quelle equatoriali, la differenza di temperatura si riduce, potenzialmente indebolendo le correnti a getto. Questo indebolimento può portare a un clima più variabile e estremo, con onde di calore, siccità e freddo intensi che possono persistere per periodi più lunghi.

Cambiamenti nei Cicloni Tropicali

La dinamica dei cicloni tropicali è complessa e influenzata da vari fattori, inclusa la temperatura della superficie del mare. Con il riscaldamento globale, si prevede che l'intensità dei cicloni tropicali aumenterà, anche se il numero totale potrebbe non crescere significativamente. Questi cicloni più intensi possono portare a piogge più pesanti e a onde di tempesta più devastanti, rappresentando un rischio maggiore per le popolazioni costiere.

Alterazioni del Ciclo Idrologico Globale

Il riscaldamento globale sta alterando il ciclo idrologico della Terra, con un impatto diretto su precipitazioni, evaporazione e modelli di flusso d'acqua. Queste alterazioni possono intensificare i cicli di siccità e umidità, portando a periodi più estremi e imprevedibili. Ad esempio, un aumento delle precipitazioni in alcune regioni potrebbe non compensare l'aumento delle perdite di acqua dovute all'evaporazione e alla traspirazione, portando a una netta riduzione della disponibilità di acqua.

Impatti sulla Criogenia

La criosfera, che comprende tutte le aree di ghiaccio e neve del pianeta, è particolarmente sensibile al riscaldamento globale. Il ritiro dei ghiacci marini, lo scioglimento dei ghiacciai e il degrado del permafrost hanno impatti profondi sui sistemi climatici globali. Ad esempio, il degrado del permafrost può rilasciare metano, un potente gas serra, intensificando ulteriormente l'effetto serra e il riscaldamento globale in un ciclo di feedback.

Effetti sui Pattern di Biodiversità

I cambiamenti nei sistemi meteorologici influenzano direttamente la distribuzione e la sopravvivenza delle specie animali e vegetali. La migrazione degli habitat dovuta a temperature più calde, insieme a siccità e inondazioni più frequenti, può portare a spostamenti significativi della biodiversità. Questi cambiamenti di habitat possono minacciare le specie con aree di distribuzione ristrette o requisiti ecologici specifici, accelerando il tasso di estinzione.

Implicazioni Economiche e Sociali

Le implicazioni economiche e sociali dei cambiamenti nei sistemi meteorologici sono vaste. L'agricoltura, la pesca e il turismo sono solo alcuni dei settori economici direttamente influenzati dal clima. Gli eventi climatici estremi possono causare danni significativi alle infrastrutture, influenzare la produzione alimentare e l'accesso all'acqua, e spingere le popolazioni a spostarsi. Queste dinamiche possono aggravare le disuguaglianze esistenti e creare nuove sfide per la gestione delle risorse naturali e la pianificazione dello sviluppo.

Richiesta di una Risposta Globale Integrata

Affrontare le sfide poste dal riscaldamento globale sui sistemi meteorologici richiede una risposta globale che integri adattamento e mitigazione. La resilienza delle comunità può essere rafforzata attraverso la costruzione di infrastrutture sostenibili, la gestione sostenibile delle risorse naturali e la pianificazione urbana attenta al clima. Parallelamente, la riduzione delle emissioni di gas serra attraverso il passaggio a fonti di energia rinnovabile, l'efficienza energetica e pratiche agricole sostenibili è essenziale per limitare ulteriori cambiamenti climatici.

In conclusione, il riscaldamento globale e i suoi effetti sui sistemi meteorologici rappresentano una delle più grandi sfide ambientali, economiche e sociali del nostro tempo. Comprendere, mitigare e adattarsi a questi cambiamenti è fondamentale per la sicurezza e il benessere delle generazioni future.

Approfondendo ulteriormente gli effetti del riscaldamento globale sui sistemi meteorologici, è importante esaminare le interazioni tra vari fattori climatici e i loro impatti complessivi sul pianeta e sulla vita umana.

Dislocazione delle Zone Climatiche

Il riscaldamento globale sta causando uno spostamento delle zone climatiche verso i poli. Questo fenomeno può alterare significativamente gli ecosistemi, spingendo le specie vegetali e animali a migrare verso aree più fresche e influenzando la distribuzione delle piogge. Le foreste, le praterie e altri ecosistemi possono subire trasformazioni, con implicazioni per la biodiversità e i servizi ecosistemici come la purificazione dell'aria e dell'acqua, il sequestro del carbonio e la fertilità del suolo.

Intensificazione del Ciclo dell'Acqua

Il riscaldamento globale intensifica il ciclo dell'acqua, aumentando l'evaporazione nelle zone già calde e umide e riducendo l'umidità nei climi aridi. Questo può portare a una maggiore variabilità delle precipitazioni, con periodi di siccità prolungata interrotti da piogge intense che possono causare inondazioni e frane. L'intensificazione del ciclo dell'acqua sfida la gestione delle risorse idriche, richiedendo strategie innovative per la raccolta, lo stoccaggio e l'uso dell'acqua.

Aumento dell'Energia Nell'Atmosfera

L'incremento dei gas serra nell'atmosfera trattiene più calore, aumentando l'energia disponibile per i sistemi meteorologici. Questo surplus energetico può amplificare la potenza di tempeste, uragani e altri fenomeni estremi. La maggiore energia atmosferica può anche alterare i modelli di circolazione atmosferica, influenzando fenomeni climatici a larga scala come El Niño e La Niña, che a loro volta hanno effetti profondi sui modelli climatici globali e regionali.

Impatto sulle Barriere Naturali

Le barriere naturali, come le foreste e le zone umide, svolgono un ruolo cruciale nel mitigare gli impatti dei fenomeni meteorologici estremi. Tuttavia, il riscaldamento globale e i cambiamenti negli schemi delle precipitazioni mettono sotto pressione queste barriere, riducendone l'efficacia. La perdita di foreste a causa degli incendi boschivi, intensificati da condizioni

più secche e calde, e il degrado delle zone umide
limitano la capacità degli ecosistemi di assorbire il
carbonio atmosferico e di proteggere contro
inondazioni e erosione.

Effetti sulla Salute Umana

Gli effetti dei cambiamenti nei sistemi meteorologici si
estendono alla salute umana. Onde di calore più
intense e frequenti possono aumentare i casi di colpo
di calore e altre malattie correlate al caldo. La qualità
dell'aria può peggiorare a causa dell'aumento degli
incendi boschivi e dell'intensificazione della
produzione di ozono a livello del suolo in condizioni
più calde, aumentando i rischi per le malattie
respiratorie. Inoltre, la variabilità delle precipitazioni e
le inondazioni possono influenzare la diffusione di
malattie trasmesse dall'acqua.

Sfide per l'Agricoltura e la Sicurezza Alimentare

L'agricoltura è profondamente influenzata dai
cambiamenti nei sistemi meteorologici. La variabilità
delle precipitazioni, le siccità, le ondate di calore e
l'aumento delle infestazioni di parassiti legate al clima
possono ridurre i rendimenti delle colture e
compromettere la sicurezza alimentare. L'adattamento
dell'agricoltura ai cambiamenti climatici richiede la
ricerca di varietà di colture più resilienti, pratiche
agricole sostenibili e sistemi di irrigazione efficienti per
far fronte a queste sfide.

Necessità di Adattamento e Mitigazione

Data la vastità e la complessità degli impatti del riscaldamento globale sui sistemi meteorologici, è chiaro che sia strategie di adattamento sia di mitigazione sono essenziali. L'adattamento richiede il rafforzamento della resilienza delle comunità, delle economie e degli ecosistemi agli impatti climatici attraverso una pianificazione e un investimento proattivi. Parallelamente, la mitigazione richiede azioni urgenti per ridurre le emissioni di gas serra e limitare l'ulteriore riscaldamento globale, affrontando così la radice del problema.

In sintesi, gli effetti del riscaldamento globale sui sistemi meteorologici rappresentano una sfida multidimensionale che incide su ogni aspetto della vita sulla Terra. Affrontare questa sfida richiede un impegno globale coordinato, innovazione tecnologica, politiche efficaci e l'azione collettiva di comunità in tutto il mondo.

Mentre esploriamo ulteriormente la complessa relazione tra il riscaldamento globale e i cambiamenti nei sistemi meteorologici, emergono sfide nuove e interconnesse che richiedono attenzione e azione.

Impatto sulle Risorse Idriche

Il cambiamento climatico modifica la distribuzione e la disponibilità delle risorse idriche globali. Regioni precedentemente caratterizzate da abbondanti precipitazioni possono sperimentare una diminuzione delle piogge e viceversa. Questi cambiamenti influenzano non solo l'approvvigionamento idrico per uso domestico, agricolo e industriale ma anche la generazione di energia idroelettrica e la biodiversità degli ecosistemi acquatici. La gestione sostenibile delle risorse idriche, compresa la raccolta dell'acqua piovana e il riciclaggio delle acque reflue, diventa cruciale in questo contesto.

Cambiamenti nelle Zone di Produzione Agricola

Il riscaldamento globale potrebbe rendere inadatte alla coltivazione aree agricole tradizionali, mentre nuove regioni potrebbero diventare coltivabili. Questo spostamento potrebbe avere profonde implicazioni per la sicurezza alimentare globale e locale, richiedendo un adattamento nelle pratiche agricole, nelle varietà di colture e nelle strategie di gestione del suolo. La ricerca agricola svolge un ruolo chiave nell'identificare soluzioni resilienti al clima che possano sostenere le popolazioni in crescita.

Disuguaglianze nel Rischio e nella Resilienza

Il riscaldamento globale esacerba le disuguaglianze esistenti, con le comunità più povere e vulnerabili che spesso affrontano i rischi più gravi senza le risorse necessarie per adattarsi efficacemente. Queste disuguaglianze richiedono un'attenzione particolare nella formulazione delle politiche climatiche, garantendo che le strategie di adattamento e mitigazione siano inclusive e equitative. La finanza climatica, compresi i fondi per l'adattamento e la mitigazione nei paesi in via di sviluppo, gioca un ruolo essenziale in questo ambito.

Interazione con Altri Stress Ambientali

I cambiamenti nei sistemi meteorologici interagiscono con altri stress ambientali, come l'inquinamento, la perdita di habitat e la sovrasfruttamento delle risorse naturali, amplificando gli impatti negativi sulla biodiversità e sul benessere umano. Queste interazioni complesse richiedono approcci olistici alla gestione ambientale che considerino l'interdipendenza dei vari fattori di stress e mirino a soluzioni sostenibili e integrate.

Ricerca e Innovazione

Per affrontare i cambiamenti nei sistemi meteorologici indotti dal riscaldamento globale, la ricerca e l'innovazione sono fondamentali. Ciò include lo sviluppo di nuove tecnologie per la riduzione delle emissioni di carbonio, tecniche agricole resilienti al clima e sistemi di previsione meteorologica migliorati che possano fornire avvisi tempestivi per eventi estremi. La collaborazione internazionale nella ricerca scientifica può accelerare la scoperta di soluzioni efficaci e la condivisione delle migliori pratiche.

Educazione e Sensibilizzazione

Aumentare la consapevolezza pubblica sull'impatto del riscaldamento globale sui sistemi meteorologici e sulle possibili azioni di mitigazione e adattamento è essenziale per mobilitare l'azione collettiva. Programmi educativi che incorporano la scienza del clima e la sostenibilità possono preparare le future generazioni ad affrontare queste sfide, promuovendo comportamenti sostenibili e sostenendo le politiche climatiche ambiziose.

In sintesi, la profondità e la complessità dell'impatto del riscaldamento globale sui sistemi meteorologici sottolineano l'urgenza e la necessità di un'azione globale coordinata. L'adattamento alle realtà mutevoli del nostro clima, unitamente agli sforzi per mitigare ulteriori riscaldamenti, richiede un impegno condiviso da parte della comunità globale, dalle politiche governative all'azione individuale, dalla ricerca scientifica all'innovazione tecnologica. La nostra capacità di navigare questi cambiamenti determinerà la resilienza delle nostre società, la salute dei nostri ecosistemi e la qualità della vita sul pianeta per le generazioni a venire.

Proseguendo nell'approfondimento degli effetti del riscaldamento globale sui sistemi meteorologici, è importante considerare ulteriori dimensioni che rivelano l'ampiezza e la profondità dell'impatto di questi cambiamenti climatici.

Aumento dei Fenomeni di Precipitazioni Estreme

Il riscaldamento globale è associato a un aumento delle precipitazioni estreme in diverse parti del mondo. L'aria più calda può trattenere più umidità, il che può portare a piogge più intense e improvvise. Questo aumento delle precipitazioni estreme non solo provoca inondazioni improvvise e danni alle infrastrutture ma influisce anche sulla gestione delle risorse idriche, rendendo più difficile prevedere e prepararsi agli eventi di precipitazione.

Cambiamenti nei Regimi dei Venti

I modelli di circolazione atmosferica, compresi i regimi dei venti, sono influenzati dal riscaldamento globale. Questo può avere effetti sulla diffusione dell'inquinamento atmosferico, sulla qualità dell'aria e sulla dispersione dei pollini, con conseguenze dirette sulla salute umana. Inoltre, i cambiamenti nei regimi dei venti possono influenzare la navigazione, l'aviazione e persino la generazione di energia eolica.

Impatto sui Ghiacciai di Montagna

Oltre ai grandi ghiacciai e alle calotte polari, anche i ghiacciai di montagna subiscono gli effetti del riscaldamento globale. Lo scioglimento accelerato di questi ghiacciai influisce sulle riserve idriche di miliardi di persone a livello globale, riducendo la disponibilità di acqua per bere, per l'agricoltura e per la produzione di energia idroelettrica. Questo può portare a tensioni idriche e a conflitti per l'accesso alle risorse idriche in molte parti del mondo.

Effetti sulle Zone Costiere

L'aumento del livello del mare e i cambiamenti nei modelli di tempesta influenzano direttamente le zone costiere, esacerbando l'erosione, influenzando gli ecosistemi delle zone umide e aumentando il rischio di inondazioni saline nelle aree agricole costiere. Questo richiede soluzioni innovative per la gestione costiera che possano proteggere le comunità umane e mantenere la biodiversità e i servizi ecosistemici delle zone costiere.

Sfidare la Prevedibilità del Clima

Il cambiamento climatico sta rendendo più difficile prevedere il tempo e il clima. L'aumento della variabilità climatica e l'incidenza di eventi meteorologici estremi sfidano i modelli climatici esistenti e complicano la pianificazione per l'agricoltura, la gestione delle risorse idriche e la preparazione ai disastri. La ricerca continua e l'innovazione nei modelli climatici sono cruciali per migliorare la nostra capacità di prevedere e prepararci agli impatti del cambiamento climatico.

Vulnerabilità degli Ecosistemi Marini

I cambiamenti nei sistemi meteorologici influenzano anche gli oceani, con impatti sulla circolazione oceanica, sulla temperatura delle acque superficiali e sull'acidificazione degli oceani. Questi cambiamenti possono alterare gli habitat marini e influenzare la biodiversità, con effetti a catena sulla pesca, sul turismo e sui mezzi di sussistenza delle comunità costiere.

La Necessità di Azioni di Adattamento Locale

Mentre le strategie globali per affrontare il cambiamento climatico sono fondamentali, altrettanto importanti sono le azioni di adattamento locale. Le comunità devono valutare la loro vulnerabilità specifica ai cambiamenti nei sistemi meteorologici e implementare soluzioni su misura che possano ridurre i rischi e aumentare la resilienza. Questo può includere la costruzione di infrastrutture resilienti, la diversificazione delle fonti di cibo e di reddito e la conservazione degli ecosistemi naturali che forniscono barriere protettive contro gli eventi climatici estremi.

In sintesi, l'interazione tra il riscaldamento globale e i sistemi meteorologici rivela una rete complessa di cause ed effetti che si estende attraverso tutti gli aspetti del mondo naturale e della società umana. La risposta a questa sfida richiede un approccio olistico e integrato che coinvolga la scienza, la politica, l'economia e la società civile, lavorando insieme per mitigare gli impatti e adattarsi alle nuove realtà climatiche.

Mentre approfondiamo ulteriormente gli effetti del riscaldamento globale sui sistemi meteorologici, diventa evidente che i cambiamenti climatici stanno tessendo una tela complessa di interazioni ambientali, sociali ed economiche che si estende ben oltre i semplici aumenti di temperatura.

Alterazioni dei Cicli di Fioritura e di Riproduzione

I cambiamenti nei sistemi meteorologici influenzano i cicli naturali di fioritura e riproduzione di molte specie vegetali e animali. Le temperature più calde possono anticipare la fioritura primaverile o modificare i modelli migratori di uccelli e insetti impollinatori, disturbando gli equilibri ecologici e le interazioni tra specie. Queste alterazioni possono avere effetti a cascata sugli ecosistemi, potenzialmente riducendo la biodiversità e modificando la disponibilità di risorse come il cibo.

Impatti su Fonti di Energia Rinnovabile

I cambiamenti nei sistemi meteorologici influenzano anche la produzione di energia rinnovabile. Ad esempio, la variabilità delle precipitazioni può influenzare la disponibilità di acqua per l'energia idroelettrica, mentre cambiamenti nei modelli di vento possono incidere sulla produzione di energia eolica. Anche la produzione di energia solare può essere influenzata da variazioni nella copertura nuvolosa e nell'intensità della radiazione solare. La pianificazione e la gestione delle risorse energetiche rinnovabili richiedono quindi una considerazione attenta dei potenziali impatti del cambiamento climatico.

Sfide per la Conservazione della Biodiversità

I cambiamenti nei sistemi meteorologici, insieme ad altri effetti del cambiamento climatico, pongono sfide significative per la conservazione della biodiversità. Le aree protette e le riserve naturali potrebbero non essere più rifugi sicuri per le specie a rischio se le condizioni climatiche al loro interno cambiano. La conservazione dinamica, che prevede la gestione flessibile e adattiva delle aree protette e il mantenimento della connettività tra gli habitat, diventa cruciale per preservare la biodiversità in un clima in cambiamento.

Degradazione del Suolo e Desertificazione

Il riscaldamento globale e i cambiamenti associati nei modelli di precipitazione possono accelerare la degradazione del suolo e la desertificazione, specialmente in aree già vulnerabili come le regioni aride e semiaride. La perdita di vegetazione dovuta a siccità prolungate, insieme all'erosione del suolo intensificata da piogge intense e sporadiche, può ridurre la fertilità del suolo e compromettere la capacità delle terre di sostenere l'agricoltura e la vita selvatica.

Risposta delle Città ai Cambiamenti Climatici

Le aree urbane, con le loro dense popolazioni e infrastrutture complesse, sono particolarmente vulnerabili agli impatti dei cambiamenti nei sistemi meteorologici. Le città stanno rispondendo con l'adozione di strategie di adattamento al clima, come la creazione di infrastrutture verdi per gestire le inondazioni urbane, l'ombreggiamento per mitigare le isole di calore urbane e la promozione della mobilità sostenibile per ridurre le emissioni. Queste misure non solo migliorano la resilienza urbana ma contribuiscono anche a creare ambienti urbani più vivibili e sostenibili.

Coinvolgimento Comunitario e Giustizia Climatica

Il coinvolgimento attivo delle comunità nella pianificazione e nell'attuazione delle strategie di adattamento al clima è essenziale per garantire che queste misure siano efficaci e eque. La giustizia climatica richiede che le azioni di adattamento tengano conto delle esigenze delle popolazioni più vulnerabili, assicurando che tutti abbiano accesso alle risorse e alle opportunità per affrontare gli impatti dei cambiamenti climatici.

Ricerca Interdisciplinare e Collaborazione Internazionale

La comprensione e l'addressamento degli impatti del riscaldamento globale sui sistemi meteorologici rappresentano una sfida vasta e multidimensionale che incide profondamente sulla biosfera terrestre, le società umane e le economie globali. Questa sfida richiede una risposta olistica, basata su una comprensione dettagliata delle dinamiche climatiche in evoluzione, così come un impegno globale verso strategie di mitigazione e adattamento.

Approfondimenti Scientifici e Innovazione

La base di ogni azione efficace contro gli effetti del riscaldamento globale sui sistemi meteorologici è un solido fondamento scientifico. La ricerca continua è fondamentale per approfondire la nostra comprensione dei meccanismi attraverso cui il riscaldamento globale modifica i modelli climatici. Questo implica investimenti significativi in tecnologie innovative e in sistemi di monitoraggio e modellizzazione del clima, che possono fornire dati accurati e previsioni affidabili per guidare la pianificazione e la risposta.

Politiche Climatiche Ambiziose

Affrontare efficacemente gli impatti del cambiamento climatico richiede politiche climatiche ambiziose e coordinate a livello globale, nazionale e locale. Ciò include l'impegno a ridurre drasticamente le emissioni di gas serra attraverso la transizione verso energie rinnovabili, l'efficienza energetica e la decarbonizzazione di tutti i settori dell'economia. Allo stesso tempo, è necessario implementare strategie di adattamento proattive per aumentare la resilienza di infrastrutture, ecosistemi e comunità agli eventi meteorologici estremi e ad altri impatti climatici.

Sostenibilità e Adattamento Comunitario

La resilienza comunitaria si basa sulla capacità di adattarsi e rispondere attivamente ai cambiamenti climatici. Questo richiede la promozione di pratiche sostenibili a livello locale, compresa la gestione delle risorse naturali, l'urbanistica consapevole del clima e il sostegno a sistemi alimentari resilienti. L'educazione e la sensibilizzazione pubblica su scala ampia possono mobilizzare l'azione collettiva e sostenere le politiche climatiche ambiziose, garantendo che le comunità siano preparate e capaci di affrontare i cambiamenti imminenti.

Cooperazione Internazionale

Data la natura globale del cambiamento climatico, la cooperazione internazionale è indispensabile. Questo include il rafforzamento degli accordi climatici globali come l'Accordo di Parigi, il sostegno alla transizione energetica nei paesi in via di sviluppo attraverso la finanza climatica e la condivisione di conoscenze, tecnologie e migliori pratiche per l'adattamento e la mitigazione. Un'azione coordinata può garantire che gli sforzi per contrastare il riscaldamento globale siano equi, inclusivi e efficaci a livello mondiale.

Promozione della Giustizia Climatica

La risposta ai cambiamenti nei sistemi meteorologici dovuti al riscaldamento globale deve essere intrinsecamente legata alla promozione della giustizia climatica. Ciò significa garantire che le politiche e le azioni climatiche tengano conto delle comunità più vulnerabili, spesso quelle che hanno contribuito meno alle emissioni globali di gas serra ma che sono maggiormente esposte ai suoi impatti devastanti. La giustizia climatica rafforza l'etica della responsabilità collettiva e del sostegno reciproco, fondamentale per affrontare una sfida globale così pervasiva.

In sintesi, l'impatto del riscaldamento globale sui sistemi meteorologici sottolinea l'urgente necessità di un'azione globale, integrata e multidisciplinare. Mentre la comunità internazionale affronta questa sfida senza precedenti, la collaborazione, l'innovazione e un impegno condiviso verso la sostenibilità e la resilienza diventano i pilastri per costruire un futuro più sicuro per il pianeta e le sue popolazioni. La nostra capacità collettiva di adattarci e mitigare questi impatti determinerà il corso della vita sulla Terra nei prossimi decenni e secoli.

4. Biodiversità e estinzione delle specie: Discutere l'impatto del cambiamento climatico sulla flora e fauna selvatica, e l'aumento delle estinzioni.

Il cambiamento climatico sta avendo un impatto profondo sulla biodiversità globale, influenzando la flora e la fauna selvatica in modi che portano a un tasso di estinzione delle specie senza precedenti nella storia umana. Questi cambiamenti sono guidati da una combinazione di fattori diretti e indiretti che includono l'alterazione degli habitat, i cambiamenti nei cicli di alimentazione e riproduzione, e lo spostamento delle specie verso i poli o in altitudine alla ricerca di condizioni più favorevoli.

Alterazione degli Habitat

Il riscaldamento globale sta modificando gli habitat naturali su cui flora e fauna selvatica dipendono per la sopravvivenza. Gli ecosistemi, dalle barriere coralline ai ghiacciai, dalle foreste tropicali alle tundre artiche, stanno subendo cambiamenti rapidi che spesso superano la capacità delle specie di adattarsi. Ad esempio, lo scioglimento dei ghiacci polari riduce l'habitat disponibile per specie come l'orso polare, mentre il riscaldamento e l'acidificazione degli oceani minacciano la biodiversità marina, compresi i coralli che sostengono ecosistemi interi.

Cambiamenti nei Cicli di Alimentazione e Riproduzione

Il cambiamento climatico influisce sui cicli naturali di alimentazione e riproduzione di molte specie. L'alterazione della tempistica delle stagioni influisce sulla disponibilità di cibo, sulla migrazione degli animali e sui cicli riproduttivi. Ad esempio, gli uccelli migratori possono arrivare nei loro siti di nidificazione dopo che il picco di abbondanza degli insetti di cui si nutrono è già passato, riducendo le possibilità di sopravvivenza dei pulcini. Tali disallineamenti possono ridurre il successo riproduttivo e minacciare la sopravvivenza a lungo termine delle specie.

Spostamento e Frammentazione delle Specie

Molte specie si stanno spostando verso i poli o verso altitudini più elevate in cerca di climi più freschi,

alterando la composizione delle comunità biologiche e
introducendo nuove dinamiche di competizione e
predazione. Questo spostamento può portare a una
maggiore frammentazione degli habitat, con
popolazioni isolate che diventano più vulnerabili agli
shock ambientali e genetici. La frammentazione
dell'habitat limita anche la capacità delle specie di
migrare in risposta al cambiamento climatico,
aumentando il rischio di estinzione.

Impatti sulla Flora

Le piante sono particolarmente vulnerabili al
cambiamento climatico a causa della loro incapacità di
spostarsi rapidamente in risposta ai cambiamenti
ambientali. Il riscaldamento globale può alterare la
distribuzione delle piante, con alcune specie che si
estinguono localmente e altre che invadono nuovi
areali. I cambiamenti nei regimi di precipitazioni e
nelle condizioni di siccità influenzano la germinazione,
la crescita e la sopravvivenza delle piante, con effetti a
cascata sugli ecosistemi interi.

Aumento delle Estinzioni

Gli scienziati avvertono che stiamo entrando nella sesta
estinzione di massa, con tassi di estinzione delle specie
accelerati ben oltre i livelli naturali di fondo,
principalmente a causa del cambiamento climatico
combinato con altri fattori antropogenici come la
distruzione degli habitat, l'inquinamento e la caccia
eccessiva. Questa perdita di biodiversità riduce la
resilienza degli ecosistemi, compromettendo i servizi

essenziali che forniscono all'umanità, come la purificazione dell'aria e dell'acqua, il controllo delle inondazioni, il sequestro del carbonio e la pollinazione.

Conclusioni

La crisi climatica rappresenta una minaccia esistenziale per la biodiversità globale. La protezione e il ripristino degli ecosistemi, insieme a un'azione globale decisa per ridurre le emissioni di gas serra, sono fondamentali per mitigare gli impatti del cambiamento climatico sulla flora e sulla fauna selvatica. La conservazione della biodiversità non è solo un obbligo etico ma una necessità pratica per mantenere gli ecosistemi resilienti e funzionanti da cui dipendiamo tutti. La sfida richiede un'azione coordinata a tutti i livelli, dall'internazionale al locale, e un'impegno trasversale che coinvolga governi, settore privato, comunità scientifica e società civile.

Mentre esploriamo ulteriormente l'impatto del cambiamento climatico sulla biodiversità e l'estinzione delle specie, diventa chiaro che le conseguenze di questi cambiamenti ambientali sono vaste e interconnesse, toccando ogni angolo del tessuto vivente del pianeta.

Impatti sui Servizi Ecosistemici

La perdita di biodiversità a causa del cambiamento climatico minaccia i servizi ecosistemici su cui si basa la vita umana. Questi servizi includono la produzione di ossigeno, la depurazione dell'acqua, la fertilità del suolo, il controllo dei parassiti e la regolazione del clima. La diminuzione della biodiversità può portare a una "simplificazione" degli ecosistemi, dove funzioni cruciali sono indebolite o perse, aumentando la vulnerabilità agli shock ambientali e riducendo la capacità degli ecosistemi di supportare le società umane.

Perdita di Pollinatori

I cambiamenti climatici influenzano gravemente le popolazioni di pollinatori, come api, farfalle e uccelli, che sono vitali per la produzione alimentare mondiale. La variazione delle temperature, insieme alla perdita di habitat e all'uso di pesticidi, minaccia la sopravvivenza di questi importanti agenti di impollinazione. La riduzione delle popolazioni di pollinatori può avere effetti a catena sulle rese agricole, compromettendo la sicurezza alimentare globale.

Acidificazione degli Oceani

L'aumento delle concentrazioni di CO_2 non solo riscalda il pianeta ma si scioglie anche negli oceani, causando acidificazione. Questo processo altera la chimica dell'acqua marina, rendendo più difficile per gli organismi calcarei, come coralli, molluschi e alcuni plancton, formare e mantenere le loro strutture scheletriche. La perdita di questi organismi alla base della catena alimentare marina può portare al collasso di interi ecosistemi marini, con profonde implicazioni per la biodiversità marina e le comunità umane che dipendono dall'oceano per cibo e lavoro.

Malattie e Parassiti

Il riscaldamento globale favorisce anche la diffusione
di malattie e parassiti che possono essere devastanti
per la flora e la fauna selvatica. Temperature più calde
e pattern climatici alterati possono espandere l'areale
di molti patogeni e vettori di malattie, esponendo
specie precedentemente isolate a nuove minacce.
Questo fenomeno è già evidente nel caso della
diffusione della sindrome da collasso delle colonie tra
le api e nella mortalità degli alberi causata da insetti
infestanti che si espandono in nuove aree a causa del
clima più mite.

Impatti sui Corridoi Ecologici

I cambiamenti climatici minacciano i corridoi
ecologici, aree cruciali che permettono alle specie di
migrare in risposta a cambiamenti ambientali. La
frammentazione del paesaggio, dovuta allo sviluppo
umano e all'alterazione degli habitat, può isolare le
popolazioni di specie, impedendo la loro migrazione
verso habitat più adatti. La conservazione e il ripristino
di questi corridoi ecologici sono essenziali per
mantenere la connettività degli habitat e supportare la
resilienza e l'adattabilità della biodiversità al
cambiamento climatico.

Collaborazione Transnazionale per la Conservazione

Affrontare le minacce del cambiamento climatico alla
biodiversità richiede una collaborazione

transnazionale, poiché gli ecosistemi e le specie non riconoscono i confini politici. Gli sforzi di conservazione devono essere coordinati a livello internazionale per essere efficaci, con strategie che includono la creazione di reti di aree protette transfrontaliere, la condivisione di ricerche e risorse, e l'implementazione di politiche che affrontino le cause sottostanti del cambiamento climatico e della perdita di biodiversità.

Educazione e Coinvolgimento della Comunità

L'educazione ambientale e il coinvolgimento della comunità sono fondamentali per promuovere la conservazione della biodiversità e affrontare il cambiamento climatico. Sensibilizzare sul valore intrinseco ed ecologico della biodiversità e sulle conseguenze del suo declino può stimolare un'azione collettiva verso pratiche più sostenibili. Coinvolgere le comunità locali nella gestione della conservazione garantisce che le strategie siano adattate ai contesti locali e sostenute dalla popolazione locale.

In conclusione, il cambiamento climatico rappresenta una minaccia senza precedenti per la biodiversità globale, con effetti che vanno ben oltre l'estinzione delle specie. La risposta a questa crisi richiede un'azione globale coordinata, innovazione, educazione e un impegno profondo verso la conservazione e la sostenibilità. La nostra capacità di mitigare questi impatti e adattarci a un pianeta in cambiamento determinerà la ricchezza della biodiversità per le generazioni future e la resilienza degli ecosistemi di cui tutti dipendiamo.

Mentre il cambiamento climatico continua a impattare la biodiversità in modi complessi, è fondamentale esplorare ulteriori aspetti che mettono in luce la portata e la profondità di questi effetti.

Impatti sulle Specie Migratrici

Le specie migratrici affrontano sfide crescenti a causa del cambiamento climatico. Gli uccelli, i mammiferi marini e le farfalle, che dipendono da aree geografiche specifiche in momenti precisi per l'alimentazione, la riproduzione e il riposo, trovano i loro schemi migratori disturbati. Le modifiche nei periodi di fioritura delle piante e nelle popolazioni di prede possono disallineare i tempi delle migrazioni, con impatti potenzialmente fatali su queste specie. La protezione delle rotte migratorie richiede una gestione ambientale attenta e una cooperazione internazionale per garantire la sopravvivenza di queste specie.

Minacce agli Ecosistemi di Acqua Dolce

Gli ecosistemi di acqua dolce sono tra i più minacciati dal cambiamento climatico. La variazione delle precipitazioni, l'incremento delle temperature e i fenomeni di siccità intensificano la pressione sugli habitat acquatici, alterando la chimica dell'acqua, riducendo il flusso dei fiumi e dei ruscelli e aumentando la vulnerabilità all'inquinamento. Queste modifiche possono portare alla perdita di specie endemiche di acqua dolce e influenzare la disponibilità di acqua per l'uso umano.

Cambiamenti nelle Comunità Fitoplanctoniche

Il fitoplancton, alla base delle catene alimentari marine, è influenzato dalla temperatura dell'acqua e dall'acidificazione degli oceani. Il cambiamento climatico può alterare la composizione delle comunità fitoplanctoniche, con ripercussioni su tutta la rete trofica marina. Questi microorganismi sono anche un componente cruciale nel ciclo del carbonio globale, agendo come un importante serbatoio di carbonio. Le modifiche nella loro abbondanza e distribuzione possono influenzare la capacità degli oceani di assorbire CO_2, creando un feedback che potrebbe accelerare il cambiamento climatico.

Sopravvivenza degli Anfibi

Gli anfibi, già tra i gruppi di vertebrati più a rischio a livello globale, sono particolarmente vulnerabili al cambiamento climatico. Queste specie, che dipendono da ambienti umidi per la riproduzione e la sopravvivenza delle larve, sono minacciate dalla riduzione dell'umidità ambientale e dalla variazione dei regimi di precipitazioni. Inoltre, il cambiamento climatico può esacerbare la diffusione di malattie fungine come la chitridiomicosi, che ha già causato il declino di numerose popolazioni di anfibi in tutto il mondo.

Perdita di Ecosistemi Unici

Ecosistemi unici e biodiversità hotspot, come le foreste pluviali tropicali, le praterie alpine e le mangrovie, sono particolarmente a rischio a causa del cambiamento climatico. Questi habitat, che ospitano una vasta gamma di specie endemiche e forniscono servizi ecosistemici essenziali, stanno subendo trasformazioni rapide. La perdita di questi ecosistemi non solo comporta l'estinzione di specie irrecuperabili ma anche la diminuzione della capacità del pianeta di sequestrare carbonio, regolare il clima e fornire risorse vitali per le comunità umane.

Coinvolgimento Indigeno nella Conservazione

Le comunità indigene, che hanno gestito e protetto la biodiversità attraverso pratiche tradizionali per millenni, sono partner cruciali nella lotta contro il cambiamento climatico. Il loro sapere tradizionale offre intuizioni preziose per la gestione sostenibile delle risorse naturali e la conservazione della biodiversità. Riconoscere e integrare questo sapere nei piani di conservazione e adattamento può potenziare gli sforzi globali per mitigare gli impatti del cambiamento climatico sulla biodiversità e contribuire a strategie di conservazione più efficaci e rispettose delle culture locali.

Resilienza degli Ecosistemi Marini Profondi

Gli ecosistemi marini profondi, meno studiati rispetto a quelli costieri e di superficie, stanno iniziando a mostrare segni di stress dovuti al cambiamento climatico. Le profondità oceaniche, che ospitano specie uniche adattate a condizioni di freddo e oscurità, sono influenzate dall'alterazione delle correnti marine e dall'abbassamento dei livelli di ossigeno, un fenomeno noto come deossigenazione. Questi cambiamenti possono ridurre la biodiversità nelle profondità marine e alterare funzioni ecosistemiche cruciali, come il ciclo dei nutrienti e il sequestro di carbonio.

Effetti su Specie Vegetali Alte

Le specie vegetali di grande statura, come alberi secolari e antiche foreste, stanno affrontando una pressione crescente a causa del cambiamento climatico. Questi giganti botanici, che fungono da importanti serbatoi di carbonio e habitat per numerose specie, sono vulnerabili a siccità prolungate, incendi boschivi intensificati e tempeste più violente. La perdita di questi organismi non solo riduce la biodiversità ma compromette anche la capacità degli ecosistemi forestali di fungere da polmoni del pianeta.

Conservazione Ex Situ e Banche del Germoplasma

Di fronte alla perdita di habitat e alle crescenti minacce al mondo naturale, la conservazione ex situ, inclusa la creazione di banche del germoplasma e giardini botanici, diventa un complemento essenziale agli sforzi di conservazione in situ. Queste risorse consentono la conservazione della diversità genetica delle specie a rischio e offrono la possibilità di reintroduzione in habitat naturali una volta che le condizioni diventano più favorevoli. Tuttavia, questi sforzi richiedono un impegno internazionale coordinato e risorse adeguate per essere efficaci.

Aumento della Connettività Ecologica

Per mitigare gli effetti del cambiamento climatico sulla biodiversità, è essenziale aumentare la connettività tra habitat frammentati. Creare corridoi ecologici che consentano alle specie di spostarsi in risposta ai cambiamenti ambientali può aiutare a mantenere la diversità genetica e la resilienza degli ecosistemi. Questo approccio richiede una pianificazione territoriale attenta che consideri gli impatti a lungo termine del cambiamento climatico e favorisca una gestione del paesaggio che supporti la biodiversità.

Monitoraggio a Lungo Termine e Modellazione Predittiva

Il monitoraggio continuo delle popolazioni di flora e fauna e degli ecosistemi è cruciale per comprendere l'evoluzione degli impatti del cambiamento climatico. L'uso di tecnologie avanzate come il telerilevamento, insieme a modelli predittivi, può fornire dati preziosi per valutare i cambiamenti in corso e prevedere le future tendenze della biodiversità. Queste informazioni sono fondamentali per informare la pianificazione della conservazione e per adattare le strategie alle mutevoli condizioni climatiche.

In conclusione, il cambiamento climatico rappresenta una minaccia senza precedenti per la biodiversità globale, con potenziali impatti catastrofici sull'equilibrio degli ecosistemi e sulla sopravvivenza delle specie, inclusa l'umanità. Un'azione concertata a tutti i livelli, che spazi dalla ricerca scientifica avanzata e dalla conservazione in situ ed ex situ, fino all'integrazione della conoscenza tradizionale e all'impegno politico globale, è imperativa per affrontare questa crisi e salvaguardare il patrimonio naturale del nostro pianeta per le future generazioni.

Mentre ci addentriamo ulteriormente nella complessa interazione tra il cambiamento climatico e la biodiversità, emergono nuovi strati di comprensione che enfatizzano la necessità di approcci innovativi e adattativi per la conservazione della vita sulla Terra.

Cambiamento Climatico e Invasioni Biologiche

Il cambiamento climatico facilita le invasioni biologiche, permettendo a specie invasive di colonizzare nuovi habitat. Queste specie possono approfittare dei cambiamenti climatici e della perturbazione degli ecosistemi per espandersi, spesso a scapito delle specie native. La competizione con specie invasive per risorse limitate può portare a ulteriori declini nelle popolazioni di specie native, complicando gli sforzi di conservazione e richiedendo una gestione attiva per controllare le popolazioni invasive.

Impatti sulle Funzioni Ecosistemiche

Oltre alla perdita di specie, il cambiamento climatico può alterare le funzioni ecosistemiche fondamentali. Processi come la fotosintesi, la decomposizione, la pollinazione, e il ciclo dei nutrienti possono essere influenzati dai cambiamenti di temperatura, dalle variazioni di precipitazioni e dall'aumento di eventi climatici estremi. Queste alterazioni possono ridurre la capacità degli ecosistemi di supportare la vita e di fornire servizi essenziali, aumentando la vulnerabilità degli ecosistemi agli shock ambientali.

Cambiamento Climatico e Zoonosi

L'impatto del cambiamento climatico sulla biodiversità ha implicazioni anche per la salute umana, particolarmente attraverso l'aumento del rischio di malattie zoonotiche, che sono trasmesse dagli animali all'uomo. La perturbazione degli habitat e i cambiamenti nelle popolazioni animali possono aumentare il contatto tra specie selvatiche, specie domestiche e umani, facilitando la trasmissione di patogeni. La conservazione della biodiversità e la gestione degli habitat sono pertanto essenziali anche per prevenire la diffusione di malattie emergenti.

Strategie di Conservazione Basate sul Clima

Data la scala e l'urgenza degli impatti del cambiamento climatico sulla biodiversità, le strategie di conservazione devono ora incorporare considerazioni climatiche. Ciò include la progettazione di aree protette che siano resilienti ai cambiamenti climatici previsti e che possano mantenere la biodiversità sotto diversi scenari futuri. Inoltre, la conservazione basata sul clima richiede l'integrazione di modelli climatici e ecologici per identificare le aree di maggiore importanza per la conservazione in un clima in cambiamento.

Ruolo della Bioingegneria

La bioingegneria emerge come una strategia potenzialmente rivoluzionaria per rafforzare la resilienza degli ecosistemi ai cambiamenti climatici. Tecniche come la riforestazione assistita, la bioingegneria dei coralli e l'uso di specie vegetali modificate geneticamente per tollerare condizioni estreme possono aiutare a ripristinare e proteggere gli ecosistemi vulnerabili. Tuttavia, questi approcci richiedono una valutazione attenta dei rischi ecologici e della biodiversità.

Mobilitazione Globale per la Biodiversità

La crisi della biodiversità accentuata dal cambiamento climatico richiede una mobilitazione globale senza precedenti. Campagne di sensibilizzazione pubblica, partenariati tra governi, organizzazioni non governative, comunità indigene e settore privato, e il coinvolgimento attivo dei cittadini sono cruciali per catalizzare l'azione urgente. La Convenzione sulla Diversità Biologica e altri forum internazionali forniscono piattaforme per l'elaborazione e l'attuazione di accordi multilaterali mirati alla conservazione della biodiversità e alla lotta al cambiamento climatico.

Educazione Ambientale e Coinvolgimento Comunitario

L'educazione ambientale gioca un ruolo chiave nel costruire una comprensione collettiva dell'interconnessione tra cambiamento climatico e biodiversità. Programmi educativi che promuovono la comprensione ecologica, l'etica della conservazione e le azioni pratiche possono ispirare individui e comunità a diventare custodi attivi della biodiversità. L'empowerment delle comunità locali attraverso la gestione partecipativa delle risorse naturali è essenziale per garantire approcci di conservazione sostenibili e inclusivi.

In conclusione, l'intreccio tra cambiamento climatico e biodiversità sottolinea una crisi ecologica che minaccia la rete della vita sulla Terra. Affrontare questa crisi richiede un impegno globale verso la sostenibilità, la resilienza ecologica e la conservazione, sottolineando la necessità di agire ora per salvaguardare il nostro pianeta per le future generazioni. La nostra risposta collettiva a questa sfida definirà il futuro della biodiversità globale e la salute degli ecosistemi di cui dipendiamo tutti.

Mentre il cambiamento climatico continua a impattare la biodiversità globale in modi complessi e vari, l'urgenza di comprendere e mitigare questi effetti diventa sempre più critica. La dimensione dei problemi affrontati richiede un'esplorazione più dettagliata e nuove angolazioni per comprendere e contrastare le minacce emergenti alla biodiversità.

Impatti sulle Popolazioni di Insetti

Gli insetti, essenziali per molti processi ecologici come l'impollinazione e la decomposizione, sono particolarmente sensibili alle variazioni climatiche. I cambiamenti di temperatura influenzano il loro ciclo di vita, la riproduzione e la distribuzione geografica. Le variazioni climatiche possono anche alterare la sincronia ecologica tra gli insetti e le piante ospiti, essenziale per la loro sopravvivenza e quella delle piante stesse. La diminuzione delle popolazioni di insetti può avere effetti a cascata su tutta la catena alimentare, minacciando la sopravvivenza di specie dipendenti da questi piccoli ma vitali organismi.

Disturbi Ecologici

Il cambiamento climatico aumenta la frequenza e l'intensità dei disturbi ecologici come incendi, tempeste e inondazioni. Questi eventi possono devastare ecosistemi interi in un breve lasso di tempo, eliminando habitat critici e le specie che li abitano. La resilienza di un ecosistema, o la sua capacità di recuperare dopo tali disturbi, può essere compromessa se gli eventi estremi diventano troppo frequenti o severi, lasciando meno tempo per un recupero naturale tra un evento e l'altro.

Sfide di Migrazione e Rifugio Climatico

Mentre alcune specie cercano di migrare verso climi più favorevoli, spesso si scontrano con barriere artificiali come città, strade e altre infrastrutture che impediscono il movimento. La creazione di rifugi climatici, aree protette che possono fornire condizioni stabili nonostante il cambiamento climatico, diventa una strategia chiave per la conservazione. Questi rifugi devono essere progettati considerando le proiezioni climatiche future e la capacità di connettere queste aree attraverso corridoi ecologici che permettano la migrazione delle specie.

Cambiamento Climatico e Allopatric Speciation

Il cambiamento climatico potrebbe anche essere un motore di speciazione allopatrica, dove le barriere geografiche causate da cambiamenti climatici, come l'innalzamento del livello del mare o la formazione di nuove montagne, possono isolare le popolazioni di specie, portando alla divergenza genetica e alla formazione di nuove specie. Tuttavia, questo processo richiede tempi lunghi e non può compensare il tasso attuale di perdita di biodiversità.

Intensificazione della Ricerca Ecologica

Per fronteggiare efficacemente le sfide poste dal cambiamento climatico alla biodiversità, è fondamentale intensificare la ricerca ecologica. Questo include studi a lungo termine su come le specie e gli ecosistemi rispondono ai cambiamenti climatici, lo sviluppo di nuovi modelli predittivi per anticipare i cambiamenti futuri, e l'innovazione in tecnologie di conservazione che possono aiutare a mitigare gli impatti negativi. La collaborazione internazionale in queste ricerche può accelerare la scoperta e l'implementazione di soluzioni efficaci.

Aspetti Socioeconomici della Conservazione della Biodiversità

Le strategie di conservazione devono anche considerare gli aspetti socioeconomici, riconoscendo che la conservazione della biodiversità è intrinsecamente legata al benessere umano. I programmi di conservazione devono lavorare in armonia con le comunità locali, supportando lo sviluppo sostenibile e garantendo che le misure di conservazione non aumentino la povertà o limitino l'accesso a risorse essenziali per le comunità locali.

In conclusione, il cambiamento climatico presenta una minaccia multidimensionale alla biodiversità globale, richiedendo una risposta multidisciplinare che abbracci la scienza ecologica, la politica ambientale, l'innovazione tecnologica e l'azione comunitaria. La nostra capacità di comprendere e mitigare gli effetti del cambiamento climatico sulla biodiversità determinerà la salute degli ecosistemi del pianeta e la resilienza delle società umane che ne dipendono.

Mentre continuamo ad approfondire gli effetti del cambiamento climatico sulla biodiversità, emergono ulteriori sfide e complessità che richiedono un'attenzione scrupolosa e azioni concrete.

Impatti sui Microbiomi Ambientali

I microbiomi ambientali, che includono comunità microbiche nel suolo, negli oceani e nell'atmosfera, svolgono ruoli fondamentali nei cicli biogeochemici e nella salute degli ecosistemi. Il cambiamento climatico può alterare la composizione e la funzione di questi microbiomi, influenzando tutto, dalla fertilità del suolo e la decomposizione della materia organica alla purificazione dell'acqua e la regolazione delle gas nell'atmosfera. Gli impatti sui microbiomi possono avere effetti a cascata sugli ecosistemi più ampi, modificando la resilienza degli habitat naturali e la capacità degli ecosistemi di rispondere agli stress ambientali.

Degrado del Permafrost e Rilascio di Carbonio

Il degrado del permafrost nelle regioni polari e subpolari è un'altra conseguenza critica del riscaldamento globale, con implicazioni dirette per la biodiversità e il clima globale. Mentre il permafrost si scioglie, grandi quantità di materia organica precedentemente congelata vengono decomposte, rilasciando gas serra come metano e anidride carbonica. Questo rilascio può accelerare ulteriormente il riscaldamento globale, creando un ciclo di feedback positivo che potenzia il cambiamento climatico.

Inoltre, il degrado del permafrost può modificare radicalmente i paesaggi, trasformando ecosistemi terrestri in corpi d'acqua e influenzando negativamente le specie terrestri adattate a questi ambienti freddi e stabili.

Estremizzazione del Clima e Specie Specializzate

Le specie con nicchie ecologiche specializzate sono particolarmente vulnerabili agli estremi climatici che diventano più frequenti con il cambiamento climatico. Queste specie, spesso adattate a condizioni ambientali molto specifiche, possono non essere in grado di sopravvivere o di riprodursi efficacemente se le condizioni climatiche superano le loro tolleranze fisiologiche. La perdita di specie specializzate può ridurre la complessità ecologica e diminuire la resilienza complessiva degli ecosistemi ai cambiamenti futuri.

Interventi di Ingegneria Genetica

Di fronte alla rapida perdita di biodiversità e agli adattamenti insufficienti di molte specie al cambiamento climatico, alcuni scienziati stanno esplorando l'uso dell'ingegneria genetica come strumento di conservazione. Questo potrebbe includere l'alterazione genetica delle specie per migliorare la loro resistenza a temperature estreme, siccità o malattie. Tuttavia, tali interventi portano con sé significative preoccupazioni etiche ed ecologiche, compresi i rischi di effetti imprevisti sugli ecosistemi e la possibile alterazione irreversibile della biodiversità naturale.

Monitoraggio Biodiversità e Tecnologie Avanzate

L'uso di tecnologie avanzate per il monitoraggio della biodiversità è fondamentale per comprendere in tempo reale gli impatti del cambiamento climatico. Droni, satelliti e sensori remoti offrono strumenti potenti per tracciare cambiamenti negli habitat, movimenti di specie e altri parametri ecologici su scale ampie e inaccessibili. Questi dati sono cruciali per informare le strategie di conservazione, permettendo interventi tempestivi e adattati alle condizioni locali.

Collaborazioni Interdisciplinari

La complessità degli impatti del cambiamento climatico sulla biodiversità richiede un approccio interdisciplinare che unisca ecologia, climatologia, genetica, sociologia e altre discipline. Queste collaborazioni possono promuovere una comprensione più profonda dei meccanismi di interazione tra il clima e gli ecosistemi e possono portare allo sviluppo di strategie innovative di mitigazione e adattamento che siano efficaci e sostenibili a livello sociale.

In sintesi, mentre esploriamo ulteriormente le sfide poste dal cambiamento climatico alla biodiversità globale, è evidente che solo un impegno collettivo e coordinato su scala globale sarà sufficiente per affrontare questa crisi ambientale pervasiva. Ogni aspetto del nostro approccio alla conservazione della biodiversità deve essere rivalutato e rafforzato alla luce dei rapidi cambiamenti climatici, garantendo che le strategie adottate siano inclusive, efficaci e progettate per proteggere il patrimonio naturale per le future generazioni.

Il cambiamento climatico rappresenta una delle minacce più gravi e pervasive alla biodiversità globale, con impatti profondi e vari che stanno già influenzando gli ecosistemi terrestri, marini e d'acqua dolce. Gli effetti del cambiamento climatico, che includono l'alterazione degli habitat, i cambiamenti nei cicli fenologici delle specie, la riduzione della disponibilità di acqua, l'acidificazione degli oceani e l'intensificazione di eventi meteorologici estremi, sono complessi e interconnessi. Questi fenomeni minacciano non solo la sopravvivenza delle specie individuali ma anche la struttura e la funzionalità degli ecosistemi interi.

Impatto Complessivo

Il riscaldamento globale provoca spostamenti nelle zone climatiche che a loro volta forzano le specie a migrare verso habitat più freschi, spesso incontrando barriere fisiche o ambienti già saturi, il che aumenta la competizione interspecifica e riduce la biodiversità. Alcune specie, incapaci di adattarsi o di spostarsi velocemente, si trovano a fronteggiare il rischio di estinzione. Le perturbazioni degli habitat, come il degrado del permafrost e la perdita di ghiacciai, liberano inoltre gas serra precedentemente intrappolati, rafforzando ulteriormente il ciclo di riscaldamento globale e accelerando il cambiamento climatico.

Impatti Specifici

1. **Foreste**: Le foreste subiscono stress aumentati a causa delle variazioni climatiche, con incrementi di incendi boschivi, infestazioni di parassiti e malattie. La riduzione delle foreste minaccia la biodiversità e diminuisce la capacità di sequestro del carbonio, essenziale per moderare il riscaldamento globale.

2. **Ecosistemi marini**: L'acidificazione e il riscaldamento degli oceani hanno devastato le barriere coralline e alterato le reti trofiche marine, con impatti critici sulla biodiversità marina e sulle comunità che dipendono dalla pesca per il loro sostentamento.

3. **Zone umide**: Le zone umide, vitale filtro naturale e habitat per numerose specie, sono minacciate dall'innalzamento del livello del mare e dall'intensificazione delle siccità, che alterano il loro equilibrio idrologico.

Risposte alla Crisi

La risposta alla crisi della biodiversità dovuta al cambiamento climatico richiede un'azione urgente e coordinata su più fronti:

1. **Conservazione Proattiva**: Proteggere e ripristinare gli ecosistemi che sono sia vulnerabili sia cruciali per la biodiversità, come le foreste pluviali, le zone umide e i coralli, attraverso la creazione di riserve naturali, corridoi ecologici e altre iniziative di conservazione su larga scala.

2. **Mitigazione del Cambiamento Climatico**: Ridurre drasticamente le emissioni di gas serra attraverso politiche energetiche sostenibili, transizione verso energie rinnovabili e pratiche agricole e industriali a basso impatto di carbonio.

3. **Adattamento delle Specie e degli Ecosistemi**: Sviluppare strategie che permettano agli ecosistemi e alle specie di adattarsi ai cambiamenti inevitabili, come la selezione di specie resilienti e tecniche di ingegneria genetica, dove appropriato.

4. **Ricerca e Monitoraggio Continuo**: Ampliare la ricerca sulle interazioni tra il cambiamento climatico e la biodiversità e implementare sistemi di monitoraggio avanzati per raccogliere dati precisi e tempestivi che possono informare le decisioni politiche e di conservazione.

5. **Educazione e Coinvolgimento Comunitario**: Sensibilizzare il pubblico e coinvolgere attivamente le comunità locali nella conservazione della biodiversità, fornendo le conoscenze e gli strumenti necessari per

partecipare efficacemente alla protezione del loro ambiente.

In sintesi, il legame indissolubile tra cambiamento climatico e perdita di biodiversità richiede una riflessione profonda e un'azione decisiva a livello globale. Le strategie devono essere inclusive, innovative e adattabili alle realtà locali, garantendo che le future generazioni ereditino un pianeta ricco di vita e resiliente. Solo attraverso un impegno globale e condiviso possiamo sperare di mitigare le estese e devastanti conseguenze del cambiamento climatico sulla biodiversità globale.

5. Conseguenze sulla salute umana: Esplorare le implicazioni del riscaldamento globale sulla salute pubblica, inclusi rischi di malattie e inquinamento.

Il riscaldamento globale ha molteplici implicazioni per la salute pubblica, con effetti che possono estendersi su vasta scala e influenzare diversi aspetti della vita umana. Questi impatti sono spesso interconnessi, esacerbando le condizioni esistenti e creando nuove sfide sanitarie.

Onde di Calore e Stress Termico

L'aumento delle temperature globali porta a onde di calore più frequenti e severe, che rappresentano una minaccia diretta alla salute umana. Lo stress termico può causare colpi di calore e esaurimento, particolarmente pericolosi per bambini, anziani e persone con condizioni mediche preesistenti. Inoltre, l'esposizione prolungata a temperature elevate è associata ad un aumento dei tassi di mortalità, specialmente tra le popolazioni vulnerabili in aree urbane densamente popolate, dove l'effetto isola di calore urbana può intensificare ulteriormente le temperature.

Qualità dell'Aria e Malattie Respiratorie

Il riscaldamento globale influisce sulla qualità dell'aria modificando la chimica atmosferica e aumentando la frequenza degli eventi di inquinamento, come le ondate di smog. Gli inquinanti, come l'ozono a livello del suolo e le particelle sottili, possono aggravare condizioni respiratorie preesistenti, come asma e bronchite cronica, e sono collegati a un aumento dei rischi di attacchi cardiaci e ictus. L'aumento delle temperature può anche aumentare la concentrazione di allergeni nell'aria, come il polline, estendendo la stagione delle allergie e intensificando i sintomi allergici.

Diffusione di Malattie Infettive

Il cambiamento climatico altera la distribuzione e l'attività di molti vettori di malattie, come zanzare e zecche, che possono portare a una maggiore incidenza di malattie come la malaria, la dengue, la febbre gialla e la malattia di Lyme. Le modifiche dei modelli meteorologici possono anche influenzare la diffusione

di patogeni attraverso l'acqua e il cibo, aumentando il
rischio di malattie diarroiche, particolarmente in
regioni con infrastrutture sanitarie inadeguate.

Sicurezza Alimentare e Nutrizione

Il riscaldamento globale può compromettere la
sicurezza alimentare riducendo la produttività delle
colture e compromettendo la sicurezza dei cibi, a causa
di condizioni di crescita alterate e l'aumento di
patogeni e tossine alimentari legati al caldo. Questo
può portare a una nutrizione inadeguata e a carenze
nutrizionali, con effetti a lungo termine sulla salute,
come ritardi nello sviluppo infantile e aumento della
vulnerabilità alle malattie.

Impatti sulla Salute Mentale

Gli effetti del riscaldamento globale sulla salute
mentale sono una crescente area di preoccupazione.
Eventi climatici estremi, come uragani, inondazioni e
incendi boschivi, possono avere impatti devastanti sul
benessere psicologico, causando stress post-
traumatico, ansia, depressione e altri disturbi
psicologici. Inoltre, la preoccupazione per il
cambiamento climatico può contribuire a un senso di
"eco-ansia" tra ampie fasce della popolazione.

Risposta Sanitaria

L'adattamento delle infrastrutture e dei sistemi sanitari
al riscaldamento globale è essenziale per mitigare
questi impatti sulla salute. Ciò include l'incremento
della resilienza degli ospedali e delle altre

infrastrutture sanitarie agli eventi climatici estremi, lo sviluppo di sistemi di allerta precoce per ondate di calore e infezioni, e la promozione di politiche di salute pubblica che integrino le considerazioni climatiche.

In conclusione, il riscaldamento globale presenta una minaccia multidimensionale alla salute pubblica che richiede un approccio proattivo e integrato per la mitigazione e l'adattamento. Le politiche pubbliche, la cooperazione internazionale e l'innovazione nella ricerca e nelle tecnologie sanitarie saranno cruciali per proteggere la salute umana in un mondo in rapido cambiamento.

Approfondendo ulteriormente le complesse interazioni tra il riscaldamento globale e la salute pubblica, emergono ulteriori sfaccettature che richiedono una comprensione approfondita e un'azione strategica per mitigare i rischi.

Vulnerabilità delle Infrastrutture Sanitarie

Le infrastrutture sanitarie stesse sono a rischio a causa degli impatti del cambiamento climatico. Gli ospedali e le cliniche situati in aree soggette a inondazioni, uragani o altri disastri naturali possono subire danni che interrompono i servizi sanitari essenziali, aggravando ulteriormente le crisi sanitarie durante gli eventi climatici estremi. La pianificazione e l'adeguamento delle infrastrutture sanitarie per garantire che possano resistere e rimanere operativi durante tali eventi sono cruciali per la resilienza della salute pubblica.

Scarsità d'Acqua e Igiene

Il cambiamento climatico è anche associato a cambiamenti nei modelli di precipitazioni, che possono portare a periodi prolungati di siccità in alcune aree, compromettendo la disponibilità di acqua pulita per bere, cucinare e igiene personale. La scarsità d'acqua non solo aumenta il rischio di malattie trasmesse dall'acqua, ma compromette anche l'igiene generale, aumentando il rischio di diffusione di malattie infettive.

Onere Sanitario delle Malattie Non Trasmissibili

L'aumento delle temperature e la diminuzione della qualità dell'aria possono esacerbare le condizioni di malattie non trasmissibili come malattie cardiovascolari, diabete e disturbi respiratori cronici. L'esposizione a lungo termine a temperature elevate e inquinanti atmosferici è stata collegata a tassi più elevati di questi disturbi, che rappresentano una crescente quota dell'onere sanitario globale.

Disuguaglianze nella Salute Pubblica

Il cambiamento climatico aggrava le disuguaglianze esistenti nella salute pubblica. Le comunità a basso reddito e le minoranze, spesso vivendo in aree più vulnerabili agli impatti climatici e con minore accesso alle risorse sanitarie, possono subire gli impatti più severi sulla salute causati dal cambiamento climatico. È fondamentale integrare la giustizia sociale nelle strategie di salute pubblica per garantire che tutte le comunità possano adattarsi efficacemente e rimanere protette.

Risposta Globale e Collaborazione

Data la natura transfrontaliera del cambiamento climatico e delle sue implicazioni per la salute, è essenziale una risposta globale coordinata. Questo include la condivisione di risorse, conoscenze e tecnologie tra nazioni. Programmi internazionali che promuovono la resilienza climatica e la salute pubblica possono aiutare a standardizzare le migliori pratiche e a fornire supporto ai paesi che ne hanno più bisogno.

Innovazione Tecnologica nella Sanità Pubblica

La tecnologia svolge un ruolo crescente nel mitigare gli effetti del cambiamento climatico sulla salute. Dalle app mobili che forniscono avvisi per la qualità dell'aria e le ondate di calore, ai sistemi avanzati di monitoraggio della salute che possono tracciare in tempo reale gli impatti climatici sulla salute pubblica, l'innovazione tecnologica offre nuovi strumenti per migliorare la resilienza e la risposta sanitaria.

Educazione e Sensibilizzazione

Infine, l'educazione e la sensibilizzazione sono fondamentali per preparare le comunità agli impatti del cambiamento climatico sulla salute. Programmi educativi che informano i cittadini sui rischi per la salute associati al cambiamento climatico e sulle strategie per mitigare questi rischi possono rafforzare la resilienza comunitaria e promuovere stili di vita più sani e sostenibili.

In sintesi, la comprensione e la gestione degli impatti del riscaldamento globale sulla salute pubblica richiedono un approccio integrato che abbracci la prevenzione, l'adattamento e la mitigazione attraverso collaborazioni multidisciplinari e multisettoriali. Affrontare queste sfide non solo migliorerà la salute pubblica ma contribuirà anche alla lotta globale contro il cambiamento climatico, creando società più sane e resilienti per il futuro.

Il riscaldamento globale incide profondamente sulla salute pubblica, esacerbando vecchie minacce e introducendo nuove sfide sanitarie a livello globale. Le conseguenze si manifestano attraverso vari canali, tra cui l'aumento delle ondate di calore, la degradazione della qualità dell'aria, la diffusione di malattie trasmissibili e non, la sicurezza alimentare compromessa e gli impatti psicologici derivanti da disastri naturali frequenti e intensificati.

Conclusione Dettagliata

1. **Effetti Diretti del Calore:** Le temperature elevate possono causare direttamente colpi di calore e esaurimenti, che sono particolarmente pericolosi per individui vulnerabili come anziani, bambini e persone con condizioni croniche. Le ondate di calore sono diventate più frequenti, intense e prolungate, incrementando

significativamente i rischi per la salute e la mortalità associata al calore.

2. **Qualità dell'Aria Deteriorata:** Il cambiamento climatico influisce sulla qualità dell'aria aumentando i livelli di inquinanti come ozono e particolato fine. Questi inquinanti sono collegati a malattie respiratorie e cardiovascolari acute e croniche. L'aumento delle temperature può anche potenziare la produzione di allergeni atmosferici, aggravando le condizioni per chi soffre di allergie e asma.

3. **Incremento delle Malattie Infettive:** I cambiamenti nei modelli climatici influenzano la distribuzione e l'attività di vettori come zanzare e zecche, facilitando la diffusione di malattie come malaria, dengue e malattia di Lyme. Inoltre, variazioni nella temperatura e nelle precipitazioni possono aumentare il rischio di malattie diarroiche, spesso legate all'acqua contaminata.

4. **Sicurezza Alimentare e Nutrizionale:** Il cambiamento climatico può ridurre la disponibilità di cibo sicuro e nutriente a causa di impatti negativi su agricoltura e pesca. Fluttuazioni climatiche estreme e inaspettate possono distruggere raccolti e habitat marini, mentre l'innalzamento delle temperature può aumentare i livelli di tossine in alimenti come pesce e cereali.

5. **Impatti Psicologici e Mentali:** Gli eventi climatici estremi, come uragani, inondazioni e incendi boschivi, non solo causano perdite economiche e di vite umane ma hanno anche profondi effetti sulla salute mentale delle persone coinvolte. Stress post-traumatico, ansia, depressione e altre forme di distress psicologico sono comuni tra i sopravvissuti a tali disastri.

6. **Disuguaglianze in Sanità:** I cambiamenti climatici esacerbano le disuguaglianze esistenti nella salute. Le popolazioni in paesi a basso e medio reddito, che spesso hanno minori risorse per adattarsi agli impatti sanitari del cambiamento climatico, subiscono proporzionalmente maggiori danni. Anche all'interno dei paesi sviluppati, i gruppi socioeconomici più bassi affrontano maggiori rischi per la salute legati al clima.

7. **Adattamento e Intervento:** È fondamentale che le infrastrutture sanitarie si adattino per gestire e prevenire i rischi crescenti. Ciò include migliorare la resilienza degli ospedali alle condizioni meteorologiche estreme, sviluppare sistemi di allerta precoce per le ondate di calore e le epidemie, e integrare la pianificazione della salute pubblica con le strategie di mitigazione del cambiamento climatico.

8. **Educazione e Collaborazione Globale:** Un impegno globale verso l'educazione sanitaria e la

cooperazione internazionale è cruciale per affrontare gli impatti sanitari del cambiamento climatico. Informare le comunità sui rischi e sulle strategie di mitigazione può potenziare gli sforzi individuali e collettivi per adattarsi a un ambiente in rapido cambiamento.

In conclusione, il legame tra il riscaldamento globale e la salute umana è indissolubile e complesso, richiedendo una risposta sanitaria che sia tanto proattiva quanto inclusiva. Affrontare con efficacia questi impatti richiederà non solo interventi sanitari mirati, ma anche un impegno globale per ridurre le emissioni di gas serra e limitare ulteriormente il riscaldamento del pianeta. La salute pubblica del futuro dipenderà in gran parte dalla nostra capacità di rispondere con successo a queste sfide oggi.

6. Impatto sull'agricoltura e la sicurezza alimentare: Valutare come il cambiamento climatico influisce sulla produzione di cibo e sulla disponibilità alimentare.

Il cambiamento climatico rappresenta una sfida significativa per l'agricoltura globale e la sicurezza alimentare, influenzando direttamente la produzione di cibo, la disponibilità alimentare e la stabilità dei sistemi alimentari in tutto il mondo. Questi impatti si manifestano attraverso diversi meccanismi e variano notevolmente a seconda delle regioni geografiche, dei sistemi di coltivazione e delle capacità di adattamento locali.

Cambiamenti nelle Condizioni di Crescita

1. **Temperature Estreme**: L'aumento delle temperature può accelerare i cicli di crescita delle colture, riducendo il periodo durante il quale le piante possono crescere e maturare. Questo può portare a una diminuzione delle rese agricole, specialmente per colture sensibili al calore come il grano e il mais. Allo stesso tempo, temperature troppo basse o improvvise gelate tardive, che diventano più probabili con l'instabilità del clima, possono danneggiare i raccolti.

2. **Variabilità delle Precipitazioni**: Il cambiamento climatico porta a un aumento della variabilità delle precipitazioni, con periodi di siccità prolungati alternati a intensi eventi di pioggia. Queste condizioni possono stressare le piante, ridurre la disponibilità di acqua per l'irrigazione e aumentare l'erosione del suolo. Le siccità possono decimare intere raccolte, mentre le piogge eccessive possono causare allagamenti che danneggiano le colture e riducono la qualità del suolo.

3. **Crescente Incidenza di Parassiti e Malattie**: Con il riscaldamento globale, i parassiti e le malattie delle piante si stanno espandendo a nuove aree, spesso con effetti devastanti. Temperature più alte possono

accelerare la vita dei parassiti e favorire le infezioni fungine. Inoltre, l'aumento del livello di CO_2 può ridurre la resistenza delle piante a questi attacchi, rendendole più vulnerabili.

Impatto sulla Produzione di Cibo

1. **Riduzione delle Rese Agricole**: In molte regioni agricole chiave del mondo, le proiezioni indicano una diminuzione delle rese agricole a causa del cambiamento climatico. Questo è particolarmente critico nei paesi in via di sviluppo, dove l'agricoltura dipende in gran parte dalle condizioni climatiche e meno dalla tecnologia avanzata o dall'irrigazione gestita.

2. **Coltivazioni a Rischio**: Alcune colture, come il riso, il caffè e il cacao, sono particolarmente sensibili alle variazioni climatiche. Ad esempio, la produzione di caffè è altamente sensibile alle temperature e alle precipitazioni, e una sua diminuzione può avere impatti economici significativi sui paesi produttori.

3. **Sicurezza Alimentare Compromessa**: La riduzione della produzione agricola globale può portare a un aumento dei prezzi dei cibi, rendendo l'alimentazione più costosa e meno accessibile, specialmente per le popolazioni vulnerabili. Questo può esacerbare problemi di malnutrizione e fame nel mondo.

Strategie di Adattamento

1. **Sviluppo di Varità Resilienti**: Gli agricoltori e gli scienziati stanno lavorando allo sviluppo di varietà di piante più resilienti alle condizioni climatiche estreme, come siccità, caldo e inondazioni. Questo include la ricerca genetica per migliorare la tolleranza delle colture e la loro capacità di adattarsi a condizioni climatiche mutevoli.

2. **Pratiche Agricole Sostenibili**: Adottare pratiche agricole sostenibili è fondamentale per aumentare la resilienza degli ecosistemi agricoli. Ciò include la rotazione delle colture, l'agroforestazione, la gestione sostenibile dell'acqua e del suolo, e l'agricoltura conservativa, che può aiutare a mantenere la fertilità del suolo e a conservare le risorse idriche.

3. **Tecnologie Innovative**: L'uso di tecnologie avanzate come i sistemi di irrigazione a goccia controllati da sensori, la precision farming e le tecniche di coltivazione protetta possono aiutare gli agricoltori a ottimizzare l'uso delle risorse e a migliorare le rese anche sotto stress climatico.

In conclusione, il cambiamento climatico rappresenta una minaccia seria e crescente per l'agricoltura globale e la sicurezza alimentare. Rispondere a queste sfide richiede un approccio integrato che combina innovazione tecnologica, pratiche agricole sostenibili, politiche informate e cooperazione internazionale. Solo attraverso questi sforzi combinati è possibile garantire la sicurezza alimentare futura in un mondo in rapido cambiamento.

Esaminando ulteriormente gli impatti del cambiamento climatico sull'agricoltura e la sicurezza alimentare, è essenziale considerare le sfide aggiuntive e i potenziali approcci per mitigare le conseguenze negative su scala globale.

Effetti sull'Acquacoltura e le Risorse Ittiche

Il cambiamento climatico non solo influisce sulle colture terrestri, ma ha anche un impatto significativo sull'acquacoltura e le risorse ittiche. L'aumento delle temperature degli oceani, l'acidificazione e la deossigenazione delle acque possono alterare gli habitat marini, compromettendo la salute e la produttività delle specie ittiche che sono fondamentali per l'alimentazione globale. Inoltre, le specie ittiche possono migrare verso acque più fredde, spostandosi da zone di pesca tradizionali e influenzando la disponibilità locale di risorse ittiche, con impatti diretti sulle comunità che dipendono dalla pesca per il loro sostentamento.

Degrado del Suolo

Il cambiamento climatico accelera il degrado del suolo attraverso una combinazione di erosione, perdita di materia organica, salinizzazione e desertificazione. Questi fenomeni riducono la capacità dei suoli di supportare la crescita delle colture, limitando la produttività agricola e aumentando la necessità di fertilizzanti e altri input chimici che possono ulteriormente degradare l'ambiente. Le pratiche di gestione del suolo che aumentano la materia organica e migliorano la struttura del suolo—come l'agricoltura conservativa e la copertura del suolo—sono vitali per mantenere la fertilità del suolo e la resilienza agli shock climatici.

Stress Idrico

Il cambiamento climatico modifica i modelli idrologici globali, portando a una ridistribuzione delle precipitazioni che può risultare in regioni precedentemente fertili diventando più aride. L'acqua per l'irrigazione diventa una risorsa sempre più preziosa e contesa, con conflitti potenziali tra usi agricoli, industriali e domestici. Tecnologie innovative per l'irrigazione, come sistemi di irrigazione a goccia efficienti e il riutilizzo delle acque reflue trattate, possono aiutare a massimizzare l'efficienza dell'uso dell'acqua in agricoltura.

Impatto sulle Economie Agricole

Le economie che dipendono fortemente dall'agricoltura sono particolarmente vulnerabili agli impatti del cambiamento climatico. Questo può avere effetti a cascata sull'intera economia nazionale, riducendo il PIL, aumentando la povertà e exacerbando le disuguaglianze. Gli interventi politici, come i sussidi per le tecnologie agricole resistenti al clima e le assicurazioni contro i raccolti, possono svolgere un ruolo cruciale nel supportare gli agricoltori e mitigare il rischio finanziario associato alla variabilità climatica.

Migrazione e Dislocamenti

Le pressioni crescenti su acqua e cibo possono portare a migrazioni e dislocamenti di popolazioni, sia all'interno dei paesi sia tra paesi differenti. Questi movimenti possono creare tensioni sociali e conflitti, complicando ulteriormente gli sforzi per la stabilità regionale e la sicurezza alimentare. Un approccio proattivo alla gestione delle migrazioni legate al clima, che comprenda politiche per l'integrazione e il sostegno delle popolazioni migranti, è fondamentale per mantenere la coesione sociale e politica.

Educazione e Capacitazione

L'educazione e la formazione degli agricoltori su pratiche agricole sostenibili e resilienza climatica sono essenziali per adattarsi agli impatti del cambiamento climatico. Programmi di estensione agricola, workshop e formazioni possono diffondere conoscenze su tecniche come la diversificazione delle colture, le pratiche agricole conservative e l'uso di varietà di colture resistenti al clima, potenziando la capacità degli agricoltori di affrontare condizioni climatiche in cambiamento.

In sintesi, mentre il cambiamento climatico presenta sfide significative per l'agricoltura e la sicurezza alimentare globale, esistono opportunità per mitigare questi impatti attraverso l'innovazione, la cooperazione internazionale e le politiche proattive. La resilienza del sistema alimentare globale nel futuro dipenderà dalla capacità di anticipare, rispondere e adattarsi ai cambiamenti climatici in modo sostenibile e giusto.

Esplorando ulteriormente come il cambiamento climatico influisce sulla produzione di cibo e sulla disponibilità alimentare, diventa essenziale considerare una serie di sfide interconnesse e soluzioni innovative che abbracciano sia l'adattamento sia la mitigazione.

Cambiamenti nelle Zone Agroecologiche

Il riscaldamento globale sta spostando le zone agroecologiche verso latitudini più elevate e altitudini maggiori. Questo spostamento comporta la rilocazione delle aree ideali per la coltivazione di determinate colture, costringendo gli agricoltori a adattarsi a colture diverse o a nuove pratiche agricole. La trasformazione di questi schemi tradizionali può anche portare a conflitti per l'uso del suolo e sfidare le pratiche agricole ereditate e ottimizzate per condizioni climatiche ora in mutate.

Stress sulla Produzione di Bestiame

Il cambiamento climatico ha impatti significativi anche sulla produzione di bestiame, influenzando la disponibilità di foraggio, la salute degli animali e la produttività. Temperature più elevate possono ridurre l'efficienza alimentare del bestiame, aumentare l'incidenza di malattie e diminuire i tassi di riproduzione. La gestione sostenibile del bestiame, inclusa la selezione di razze più resilienti e l'adozione di pratiche di gestione innovativa che minimizzino lo stress termico, è essenziale per mantenere la produttività in condizioni climatiche mutevoli.

Impatto sui Prezzi dei Generi Alimentari

Le variazioni nella produzione agricola causate dal cambiamento climatico possono portare a fluttuazioni significative nei prezzi dei generi alimentari. Questa volatilità può avere un impatto diretto sulla sicurezza alimentare, particolarmente per le popolazioni a basso reddito, che spendono una porzione maggiore del loro reddito per il cibo. Strategie politiche come la creazione di riserve alimentari e l'intervento nei mercati possono aiutare a stabilizzare i prezzi dei cibi e a proteggere le popolazioni vulnerabili.

Rischi di Conflitti e Instabilità

L'insufficienza alimentare e l'accesso inequitativo alle risorse idriche e agricole possono esacerbare le tensioni e i conflitti, sia all'interno delle nazioni sia tra nazioni. La gestione equa e trasparente delle risorse naturali è fondamentale per prevenire conflitti legati alle risorse e per promuovere la pace e la stabilità nelle regioni vulnerabili al cambiamento climatico.

Innovazioni nel Packaging e nella Conservazione

Per ridurre la perdita e lo spreco di cibo—un problema significativo che contribuisce all'insicurezza alimentare—le innovazioni nel packaging e nella tecnologia di conservazione giocano un ruolo cruciale. Sviluppare materiali di imballaggio sostenibili e tecniche avanzate di conservazione può estendere la durata di conservazione dei prodotti alimentari e ridurre la dipendenza dalle catene del freddo, che possono essere energeticamente intensive e vulnerabili a interruzioni durante disastri climatici.

Sistemi di Allarme Precoce

L'implementazione di sistemi di allarme precoce per monitorare e prevedere gli impatti climatici sull'agricoltura può permettere agli agricoltori di adottare misure preventive e ridurre i danni. Questi sistemi possono fornire informazioni vitali sulle previsioni meteorologiche, le infestazioni di parassiti e le condizioni del suolo, aiutando gli agricoltori a ottimizzare l'irrigazione, la fertilizzazione e altre pratiche agricole.

Formazione e Supporto agli Agricoltori

Investire nella formazione degli agricoltori sulle pratiche di agricoltura sostenibile e resiliente al clima è essenziale. Workshop, corsi online e programmi di estensione possono equipaggiare gli agricoltori con le conoscenze e le competenze necessarie per navigare i cambiamenti nelle condizioni climatiche e implementare tecniche innovative che aumentino la resilienza delle loro colture e sistemi di produzione.

In sintesi, mentre il cambiamento climatico presenta sfide significative per l'agricoltura e la sicurezza alimentare, esistono numerose opportunità per innovare e adattarsi. Strategie di gestione proattive, investimenti in tecnologia, politiche supportate dalla ricerca e una forte cooperazione internazionale saranno fondamentali per assicurare che la produzione alimentare globale non solo sopravviva ma anche prosperi in un clima cambiante.

Approfondendo ulteriormente gli effetti del cambiamento climatico sull'agricoltura e la sicurezza alimentare, emergono considerazioni addizionali che evidenziano la complessità e l'urgenza di sviluppare soluzioni innovative e sostenibili.

Impatti sui Cicli di Crescita Vegetativa

Il cambiamento climatico può influenzare i cicli stagionali delle piante, alterando il tempo di fioritura e maturazione dei frutti. Queste modifiche possono avere un impatto su impollinazione, fruttificazione e, infine, sui rendimenti delle colture. Ad esempio, il riscaldamento anticipato della primavera può indurre alcune piante a fiorire prima del normale, esponendole a gelate tardive che possono danneggiare la produzione.

Minacce alla Biodiversità Agricola

La diversità delle colture agricole è vitale per la sicurezza alimentare, poiché offre una gamma di specie e varietà che possono rispondere diversamente a condizioni climatiche variabili. Tuttavia, il cambiamento climatico, insieme a pratiche agricole che favoriscono colture monocolturali su vasta scala, sta erodendo questa biodiversità. La perdita di varietà genetiche in agricoltura riduce la capacità del sistema alimentare di adattarsi ai cambiamenti climatici futuri e può aumentare la vulnerabilità alle epidemie di malattie delle piante.

Risorse Idriche in Declino

L'acqua è una risorsa cruciale per l'agricoltura, e il cambiamento climatico sta influenzando la disponibilità e la qualità dell'acqua attraverso siccità più frequenti e severe, oltre che tramite cambiamenti nei modelli di precipitazione. Gli agricoltori devono affrontare la sfida di gestire risorse idriche in diminuzione e, allo stesso tempo, rispondere alla crescente domanda di produzione alimentare. L'efficienza nell'uso dell'acqua, il riciclo e la raccolta di acqua piovana sono diventati imperativi strategici nella gestione sostenibile delle risorse idriche in agricoltura.

Effetti Sulla Qualità del Cibo

Non solo la quantità, ma anche la qualità del cibo prodotto può essere influenzata dal cambiamento climatico. Variazioni nella composizione chimica del suolo, nella disponibilità di acqua e nelle temperature possono alterare i livelli nutritivi delle colture, potenzialmente riducendo il loro valore nutritivo. Ad esempio, l'aumento dei livelli di CO_2 può accelerare la crescita delle piante ma ridurre la concentrazione di

proteine essenziali e altri nutrienti importanti come il
ferro e lo zinco.

Soluzioni Basate sull'Ecologia

Incorporare approcci ecologici nell'agricoltura può
aiutare a mitigare alcuni degli impatti del
cambiamento climatico. Tecniche come l'agroecologia,
che enfatizza la diversità delle colture, il riciclo dei
nutrienti, l'integrazione degli alberi nelle colture
(agroforestazione) e la gestione sostenibile delle risorse
naturali, possono promuovere sistemi agricoli più
resilienti e sostenibili.

Politiche di Supporto Agricolo

Le politiche governative possono svolgere un ruolo
fondamentale nel sostenere gli agricoltori nel passaggio
a pratiche più sostenibili e resilienti al clima. Incentivi
finanziari, sussidi per l'acquisto di tecnologie a
risparmio idrico o per l'implementazione di pratiche
agricole sostenibili, e supporto nella transizione verso
colture più resistenti possono aiutare a ridurre la
vulnerabilità dell'agricoltura al cambiamento climatico.

Cooperazione Globale e Locale

La cooperazione tra paesi, regioni e comunità è cruciale
per affrontare le sfide poste dal cambiamento climatico
all'agricoltura. Condivisione di conoscenze, tecnologie
e risorse, oltre alla collaborazione in ricerca e sviluppo,
possono accelerare l'adozione di soluzioni efficaci e
diffuse per migliorare la sicurezza alimentare e la
sostenibilità agricola su scala globale.

In sintesi, il cambiamento climatico impone una riflessione critica e un'azione immediata nel settore agricolo. Adattare l'agricoltura per resistere a condizioni climatiche mutevoli, proteggere le risorse naturali essenziali e garantire la sicurezza alimentare richiede un approccio integrato che abbraccia la sostenibilità ambientale, la resilienza economica e la giustizia sociale. La capacità di navigare queste sfide definirà il futuro della produzione alimentare globale e la stabilità delle società umane nelle decadi a venire.

Affrontare gli impatti del cambiamento climatico sull'agricoltura e la sicurezza alimentare è un compito fondamentale che richiede azioni coordinate su molteplici livelli, dalla comunità locale ai governi globali. L'adattamento dell'agricoltura ai cambiamenti climatici è essenziale per garantire la sostenibilità a lungo termine della produzione alimentare e la stabilità delle comunità che dipendono da essa.

Approccio Multidisciplinare

Il cambiamento climatico presenta sfide complesse che necessitano di un approccio multidisciplinare. La collaborazione tra agronomi, climatologi, economisti e politici è vitale per sviluppare strategie efficaci che possano mitigare gli impatti negativi e sfruttare eventuali opportunità positive derivanti dalle nuove condizioni climatiche.

Innovazione e Tecnologia

L'innovazione tecnologica gioca un ruolo chiave nel migliorare la resilienza dell'agricoltura al cambiamento climatico. Dall'agricoltura di precisione alla biotecnologia, l'adozione di nuove tecnologie può aiutare a ottimizzare l'uso delle risorse e a incrementare le rese delle colture, anche in condizioni climatiche avverse.

Politiche di Supporto

Le politiche governative devono fornire un framework di supporto che incoraggi pratiche agricole sostenibili e resilienza climatica. Questo include sussidi per tecnologie sostenibili, assicurazioni agricole che coprano i rischi climatici e investimenti in ricerca e sviluppo per colture resistenti al clima e pratiche agricole innovative.

Educazione e Formazione

È fondamentale investire nell'educazione e nella formazione degli agricoltori per equipaggiarli con le conoscenze e le competenze necessarie per adattarsi ai cambiamenti climatici. I programmi di estensione agricola possono diffondere informazioni su tecniche resilienti al clima e su come accedere a risorse finanziarie e tecnologiche.

Cooperazione Internazionale

Il cambiamento climatico è una sfida globale che richiede una risposta globale. La cooperazione internazionale è essenziale per condividere conoscenze, risorse e tecnologie. Gli accordi internazionali possono facilitare il trasferimento di tecnologie sostenibili e promuovere normative che supportino un'agricoltura globalmente resiliente e sostenibile.

Sostenibilità e Giustizia Sociale

Infine, le strategie di adattamento devono essere sostenibili e socialmente giuste, assicurando che le comunità vulnerabili ricevano supporto sufficiente per gestire i rischi associati al cambiamento climatico. Ciò implica garantire che tutti, indipendentemente dal reddito o dalla località, abbiano accesso a cibo sufficiente, nutriente e sicuro.

In conclusione, l'adattamento dell'agricoltura al cambiamento climatico non è solo una necessità agronomica, ma una questione di sicurezza alimentare globale e giustizia sociale. Affrontare efficacemente queste sfide richiederà un impegno collettivo e sostenuto per innovare, educare e cooperare, assicurando che il futuro dell'agricoltura sia resiliente e sostenibile di fronte ai crescenti rischi climatici.

7. Conseguenze economiche: Analizzare l'impatto economico del riscaldamento globale, inclusi i costi di mitigazione e adattamento.

Il riscaldamento globale porta con sé notevoli conseguenze economiche che influenzano sia le economie globali sia quelle locali. Gli impatti variano ampiamente a seconda della geografia, del settore economico e della capacità di adattamento delle comunità e delle nazioni. Analizziamo i principali aspetti economici del riscaldamento globale, inclusi i costi di mitigazione e adattamento, nonché gli effetti su vari settori economici.

Impatti Diretti sui Settori Economici

1. **Agricoltura**: Come già discusso, l'agricoltura è uno dei settori più colpiti. Il cambiamento climatico può ridurre le rese delle colture, influenzare i cicli di produzione e aumentare la vulnerabilità alle malattie delle piante e degli animali, portando a una diminuzione della sicurezza alimentare e aumento dei prezzi dei prodotti alimentari. Ciò può influenzare negativamente le economie locali, specialmente quelle dipendenti prevalentemente dall'agricoltura.

2. **Assicurazioni**: L'aumento degli eventi climatici estremi come uragani, inondazioni e siccità ha un impatto diretto sul settore assicurativo. Le

richieste di risarcimento per danni possono crescere esponenzialmente, mettendo a dura prova le risorse delle compagnie di assicurazione e potenzialmente portando ad aumenti dei premi per i consumatori e le aziende.

3. **Turismo**: Le destinazioni turistiche, specialmente quelle che dipendono da ambienti naturali specifici come le barriere coralline o le stazioni sciistiche, possono subire perdite significative a causa degli impatti del cambiamento climatico. Le ridotte precipitazioni nevose, l'erosione delle spiagge e il degrado degli ecosistemi marini possono ridurre l'attrattività di queste destinazioni, influenzando l'economia locale.

Costi di Mitigazione e Adattamento

1. **Infrastrutture**: Investire in infrastrutture resilienti al clima è essenziale per minimizzare i danni futuri. Ciò include il rafforzamento delle difese contro le inondazioni, la costruzione di sistemi di drenaggio più efficaci e l'adeguamento delle strutture esistenti. Questi progetti richiedono investimenti significativi sia dal settore pubblico sia da quello privato.

2. **Energia**: La transizione verso fonti di energia rinnovabile per ridurre le emissioni di gas serra è un altro importante settore di spesa. Gli investimenti in tecnologie pulite, l'ammodernamento delle reti elettriche e

l'incremento dell'efficienza energetica comportano costi iniziali elevati, ma sono essenziali per ridurre l'impatto a lungo termine del cambiamento climatico.

3. **Politiche pubbliche e incentivi**: Sviluppare e implementare politiche che supportino la mitigazione e l'adattamento al cambiamento climatico richiede risorse finanziarie e umane. Gli incentivi per le energie rinnovabili, i sussidi per l'agricoltura sostenibile e i programmi di formazione possono richiedere investimenti pubblici significativi.

Impatti Economici Indiretti

1. **Salute pubblica**: Gli impatti del cambiamento climatico sulla salute pubblica possono avere costi economici indiretti, inclusi i costi per il trattamento sanitario, la perdita di produttività lavorativa e l'aumento della mortalità.

2. **Migrazione**: Le conseguenze economiche delle migrazioni forzate a causa del cambiamento climatico possono essere sostanziali, includendo costi per l'assistenza agli sfollati, perdita di capitale umano e tensioni sociali nelle aree di accoglienza.

Strategie Economiche Globali

Per affrontare efficacemente le sfide economiche del riscaldamento globale, è necessario un approccio globale che includa la cooperazione internazionale per finanziare l'adattamento e la mitigazione nei paesi meno sviluppati, il trasferimento di tecnologie verdi e lo sviluppo di mercati del carbonio che possano incentivare la riduzione delle emissioni.

In conclusione, il cambiamento climatico rappresenta una minaccia significativa per l'economia globale, richiedendo azioni urgenti e coordinate per mitigarne gli effetti e adattarsi alle nuove realtà climatiche. Gli investimenti nei settori della mitigazione e dell'adattamento non solo sono necessari per proteggere il benessere umano e naturale, ma rappresentano anche una nuova frontiera per l'innovazione economica e lo sviluppo sostenibile.

Mentre esaminiamo più a fondo le ripercussioni economiche del riscaldamento globale, diventa chiaro che ogni settore dell'economia mondiale è toccato da questa sfida crescente. La comprensione di questi impatti complessi e le risposte strategiche necessarie per affrontarli sono cruciali per la stabilità economica globale futura.

Impatti sui Mercati Finanziari

Il cambiamento climatico presenta rischi significativi per i mercati finanziari globali. Gli investitori e le aziende devono ora considerare i rischi climatici nei loro modelli finanziari. Questi rischi includono danni fisici agli asset, obsolescenza delle tecnologie legate ai combustibili fossili e cambiamenti normativi che potrebbero influenzare il valore di aziende e investimenti. Il rischio climatico sta diventando un fattore sempre più critico nelle decisioni di investimento, con un crescente interesse verso gli investimenti sostenibili che possono offrire rendimenti a lungo termine più stabili.

Industrie Ad Alto Rischio

Settori come assicurazioni, immobiliare e agricoltura sono considerati ad alto rischio a causa del cambiamento climatico. Le compagnie assicurative, ad esempio, devono fare i conti con la crescente frequenza e severità di eventi climatici estremi, il che può rendere insostenibili i modelli assicurativi tradizionali. L'industria immobiliare deve affrontare il rischio di deprezzamento degli immobili in aree ad alto rischio di disastri naturali o innalzamento del livello del mare. La capacità di anticipare e gestire questi rischi sarà fondamentale per la sostenibilità finanziaria di queste industrie.

Dibattiti sulla Carbon Tax e sul Trading delle Emissioni

Un tema centrale nel contesto economico del cambiamento climatico è il dibattito su come meglio internalizzare il costo delle emissioni di carbonio. Le tasse sul carbonio e i sistemi di scambio di emissioni sono due approcci che mirano a ridurre le emissioni incentivando le aziende a innovare in tecnologie più pulite e efficienti dal punto di vista energetico. Queste politiche non solo possono ridurre significativamente le emissioni di gas serra ma possono anche generare entrate che possono essere reinvestite in tecnologie sostenibili o utilizzate per mitigare gli impatti economici negativi del cambiamento climatico su comunità vulnerabili.

Sviluppo di Infrastrutture Verdi

Investire in infrastrutture verdi è un'altra risposta economica importante al cambiamento climatico. Queste infrastrutture, che includono tutto, dalla costruzione di barriere contro le inondazioni all'espansione di aree verdi urbane e alla promozione di soluzioni basate sulla natura, non solo aiutano a mitigare gli impatti diretti del cambiamento climatico ma possono anche stimolare l'economia locale e creare posti di lavoro.

Innovazione e Competitività Globale

Il cambiamento climatico può anche essere un catalizzatore per l'innovazione. I paesi e le aziende che investono in tecnologie sostenibili possono guadagnare un vantaggio competitivo nel mercato globale. Questo spinge a una "corsa" verso soluzioni sostenibili, promuovendo lo sviluppo di nuove industrie e paradigmi economici che possono prosperare in un futuro a basse emissioni di carbonio.

Formazione della Forza Lavoro

L'adattamento al cambiamento climatico richiederà anche un'enfasi rinnovata sulla formazione della forza lavoro. Sviluppare competenze in settori come le energie rinnovabili, l'efficienza energetica, la gestione sostenibile delle risorse e la resilienza climatica sarà essenziale per mantenere l'occupazione e la crescita economica mentre le economie si adattano ai nuovi requisiti ambientali.

Impatti sui Consumatori

I cambiamenti climatici influenzano anche i comportamenti dei consumatori, che possono spostarsi verso prodotti e servizi più sostenibili. Questo spostamento di preferenze può aprire nuovi mercati per prodotti verdi e sostenibili e può anche influenzare le strategie di marketing e sviluppo prodotto delle aziende in una vasta gamma di industrie.

In sintesi, gli impatti economici del cambiamento climatico sono vasti e interconnessi, richiedendo una riflessione e un'azione strategica su scala globale. Le risposte efficaci richiederanno collaborazione tra governi, industrie e comunità per sviluppare soluzioni sostenibili che possano ridurre i rischi e sfruttare le opportunità emergenti in un mondo in rapido cambiamento. Affrontare queste sfide non solo è essenziale per la salute economica globale ma rappresenta anche un'opportunità per guidare l'innovazione e la crescita nel XXI secolo.

Continuando a esplorare la vasta gamma di conseguenze economiche del riscaldamento globale, è cruciale analizzare ulteriori dimensioni e sfide che emergono con l'evolversi del clima e l'adattamento delle economie globali.

Crescita Economica e Produttività

Il riscaldamento globale può ridurre direttamente la produttività economica influenzando negativamente la produttività del lavoro. Condizioni di calore estremo possono limitare la capacità di lavorare all'aperto o in ambienti non climatizzati, colpendo settori come l'edilizia, l'agricoltura e il manifatturiero. Inoltre, le ondate di calore possono aumentare i rischi per la salute dei lavoratori, portando a un aumento dell'assenteismo e a una riduzione complessiva della produttività del lavoro.

Impatti sul Debito Pubblico

La necessità di finanziare costosi progetti di infrastruttura per mitigare i rischi associati al cambiamento climatico o per ricostruire dopo disastri naturali può significativamente aumentare il debito pubblico. I paesi, specialmente quelli meno sviluppati con risorse limitate, possono trovarsi sotto pressione finanziaria, compromettendo la loro stabilità economica e riducendo la capacità di investire in altri servizi pubblici essenziali.

Dislocazione del Mercato Immobiliare

L'aumento del livello del mare e la maggiore frequenza di inondazioni minacciano le zone costiere, provocando potenzialmente una dislocazione significativa nel mercato immobiliare. Le proprietà in aree a rischio possono perdere valore, mentre potrebbe esserci una maggiore domanda in zone ritenute più sicure. Questo può portare a cambiamenti nei pattern di urbanizzazione e influenzare le dinamiche di mercato a livello locale e regionale.

Sicurezza Alimentare e Inflazione

Le pressioni sulle risorse agricole e idriche non solo minacciano la sicurezza alimentare ma possono anche contribuire all'inflazione dei prezzi al consumo. L'aumento dei prezzi dei generi alimentari può avere un impatto diretto sui livelli di vita, particolarmente per i gruppi a basso reddito, che spendono una quota maggiore del loro reddito per l'alimentazione. Questo può aggravare le disuguaglianze sociali e aumentare la tensione politica e sociale.

Investimenti e Flussi di Capitale

Il cambiamento climatico può influenzare gli investimenti e i flussi di capitale, orientando sempre di più i fondi verso tecnologie e progetti che sono percepiti come resilienti al clima o ecologicamente sostenibili. Allo stesso tempo, le industrie che contribuiscono in modo significativo alle emissioni di gas serra possono trovarsi ad affrontare crescenti costi di capitale o difficoltà nell'ottenere finanziamenti, poiché gli investitori diventano più cauti riguardo ai rischi climatici.

Sfide e Opportunità per le PMI

Le piccole e medie imprese (PMI) affrontano sfide uniche rispetto al cambiamento climatico, poiché spesso hanno meno risorse per investire in adattamenti o mitigazioni. Tuttavia, rappresentano anche un importante motore di innovazione e possono essere agile nel rispondere alle opportunità emergenti in mercati sostenibili o in tecnologie verdi.

Responsabilità Sociale d'Impresa e Governance

Le imprese sono sempre più valutate non solo in base al loro rendimento finanziario, ma anche rispetto al loro impatto ambientale e alla loro responsabilità sociale. L'adozione di pratiche di buona governance che incorporino la sostenibilità può migliorare l'immagine di un'azienda e rafforzare la sua posizione nel mercato. Questo richiede un impegno trasparente e responsabile verso pratiche ecologicamente sostenibili e può anche stimolare l'innovazione e l'efficienza operativa.

Resilienza e Adattabilità delle Città

Le città, in particolare, devono affrontare sfide complesse relative al cambiamento climatico, compresa la necessità di infrastrutture urbane resilienti che possano gestire effetti come ondate di calore e inondazioni. Investire in pianificazione urbana sostenibile e infrastrutture verdi non solo può ridurre l'impatto del cambiamento climatico ma anche migliorare la qualità della vita urbana e sostenere lo sviluppo economico locale.

In sintesi, l'ampio spettro delle implicazioni economiche del cambiamento climatico sottolinea l'importanza di un approccio globale, coordinato e multidisciplinare per la mitigazione dei rischi e l'adattamento alle nuove realtà climatiche. Questo richiederà un impegno continuo e innovativo da parte di governi, aziende e società civile per garantire una transizione giusta ed efficace verso un'economia sostenibile e resiliente.

Mentre continuano a emergere sfide economiche legate al riscaldamento globale, è essenziale considerare ulteriori dimensioni e strategie per affrontare e mitigare questi impatti.

Diversificazione Economica

Regioni e paesi che dipendono fortemente da settori vulnerabili al cambiamento climatico, come l'agricoltura e il turismo, devono considerare la diversificazione economica come una strategia cruciale per ridurre i rischi. La diversificazione può includere lo sviluppo di settori meno dipendenti dalle condizioni climatiche, come il settore tecnologico, il servizio e l'industria avanzata, oltre a investire in settori innovativi legati all'economia verde.

Riallocazione delle Risorse Finanziarie

Per affrontare il cambiamento climatico, potrebbe essere necessario una significativa riallocazione delle risorse finanziarie a livello globale. I fondi per la mitigazione e l'adattamento devono essere aumentati sostanzialmente, con un focus particolare sui paesi in via di sviluppo, che spesso hanno meno capacità di gestire gli impatti del cambiamento climatico ma sono tra i più colpiti. Questo include finanziamenti per infrastrutture resilienti, tecnologie sostenibili e capacità di risposta alle emergenze.

Risposta alle Disuguaglianze Economiche

Il cambiamento climatico può esacerbare le disuguaglianze economiche esistenti, colpendo più duramente le comunità vulnerabili. Strategie per indirizzare queste disuguaglianze includono politiche di supporto come sussidi per l'energia rinnovabile, accesso migliorato a sanità e istruzione, e programmi di sostegno al reddito per le comunità colpite da disastri naturali. È essenziale che queste politiche siano inclusive e prevedano misure per proteggere i gruppi più a rischio.

Innovazione nell'Assicurazione e nel Finanziamento

Il settore assicurativo deve innovare per affrontare la crescente incidenza e intensità dei disastri naturali. Questo potrebbe includere lo sviluppo di nuovi prodotti assicurativi che coprono rischi legati al clima o l'adozione di modelli di assicurazione basati sulla tecnologia, come l'utilizzo di dati satellitari per valutazioni più accurate del rischio. Allo stesso modo, il settore finanziario può giocare un ruolo cruciale offrendo prodotti che supportano investimenti sostenibili e finanziano progetti che contribuiscono alla resilienza al clima.

Sviluppo di Capacità Locali

Sviluppare la capacità locale per gestire gli impatti del cambiamento climatico è fondamentale. Questo include la formazione di professionisti locali in scienze climatiche, politiche ambientali, gestione delle risorse naturali e tecniche di adattamento. Rafforzare le università locali, centri di ricerca e organizzazioni non governative con le competenze e le risorse per studiare e rispondere al cambiamento climatico può promuovere soluzioni adattate alle condizioni e ai bisogni locali.

Miglioramento della Governance Ambientale

Una governance ambientale efficace è essenziale per coordinare la risposta al cambiamento climatico. Questo include il miglioramento della legislazione e delle regolamentazioni ambientali, il rafforzamento delle istituzioni che gestiscono le risorse naturali e la creazione di meccanismi di enforcement che garantiscano il rispetto delle norme ambientali. La trasparenza, la partecipazione pubblica e la responsabilità sono principi fondamentali che devono guidare la governance ambientale.

Dialogo Globale Continuo

Infine, mantenere un dialogo globale attivo e costruttivo è cruciale per affrontare il cambiamento climatico. Le conferenze internazionali, i trattati e gli accordi multilaterali devono continuare a evolversi per riflettere le nuove scoperte scientifiche e le realtà economiche. La cooperazione internazionale è indispensabile non solo per condividere risorse e conoscenze ma anche per garantire che tutti i paesi, indipendentemente dalle loro capacità economiche, possano contribuire e beneficiare degli sforzi globali per combattere il cambiamento climatico.

In sintesi, gli impatti economici del cambiamento climatico sono profondi e richiedono una risposta olistica che integri mitigazione, adattamento, innovazione finanziaria e tecnologica, e un'impegno alla giustizia sociale. Solo attraverso un approccio cooperativo e ben coordinato, il mondo può sperare di affrontare efficacemente le sfide poste dal cambiamento climatico e salvaguardare la prosperità economica futura.

In conclusione, l'impatto economico del riscaldamento globale è vasto e variegato, influenzando ogni settore dell'economia mondiale e richiedendo risposte complesse e multidimensionali per mitigare i suoi effetti e adattarsi alle nuove realtà climatiche. L'analisi dettagliata delle conseguenze economiche del cambiamento climatico evidenzia l'urgente necessità di azioni integrate e strategiche a livello globale, nazionale e locale.

Strategie di Mitigazione e Adattamento Economico

1. **Investimenti Verdi**: Gli investimenti in tecnologie sostenibili e infrastrutture resilienti al clima sono essenziali. Questi investimenti non

solo riducono le emissioni di gas serra ma stimolano anche l'innovazione, creano posti di lavoro e promuovono la crescita economica a lungo termine. L'efficacia di tali investimenti dipende dalla collaborazione tra il settore pubblico, che può fornire incentivi e quadri normativi, e il settore privato, che può implementare queste tecnologie su larga scala.

2. **Assicurazione e Gestione del Rischio**: Il settore assicurativo deve evolvere per affrontare l'aumento dei rischi climatici, sviluppando nuovi modelli per valutare e gestire questi rischi. Prodotti assicurativi innovativi, come quelli basati su indici climatici, possono offrire protezione finanziaria a agricoltori, imprese e governi colpiti da eventi climatici estremi.

3. **Politiche di Adattamento Economico**: Gli stati devono elaborare e implementare politiche che supportino l'adattamento economico al cambiamento climatico. Questo include la riforma delle politiche agricole, il sostegno alle industrie ad alta intensità di carbonio nella transizione verso pratiche più pulite e l'integrazione della resilienza climatica nei piani di sviluppo urbano.

4. **Sviluppo e Cooperazione Internazionale**: La cooperazione internazionale è fondamentale per affrontare il cambiamento climatico, specialmente per aiutare i paesi in via di sviluppo

che potrebbero non avere risorse sufficienti per affrontare da soli queste sfide. Il finanziamento internazionale, come il Green Climate Fund, è cruciale per supportare progetti di mitigazione e adattamento nei paesi più vulnerabili.

5. **Ricerca e Innovazione Continua**: La ricerca è vitale per comprendere meglio gli impatti economici del cambiamento climatico e per sviluppare nuove tecnologie e strategie per mitigarli. Gli investimenti in ricerca possono portare a breakthrough tecnologici che riducano i costi della transizione energetica e migliorino l'efficacia delle risposte al cambiamento climatico.

6. **Educazione e Sensibilizzazione**: Aumentare la consapevolezza del pubblico e delle imprese sui rischi del cambiamento climatico e sulle strategie di adattamento è essenziale. L'educazione può potenziare le persone a fare scelte informate e sostenibili, influenzando così la domanda di prodotti e servizi più verdi e incoraggiando comportamenti che supportino la resilienza climatica.

Visione a Lungo Termine

Infine, affrontare le sfide economiche del riscaldamento globale richiede una visione a lungo termine che equilibri le esigenze immediate di mitigazione e adattamento con gli obiettivi di sviluppo sostenibile. Solo con un impegno collettivo e un'azione decisiva sarà possibile trasformare la crisi climatica in un'opportunità per costruire un futuro economico più resiliente, equo e sostenibile. La capacità di navigare e gestire queste trasformazioni determinerà la stabilità economica globale e il benessere delle future generazioni.

8. Disuguaglianza e impatti sociali: Discutere come il cambiamento climatico influisca in modo sproporzionato su comunità vulnerabili e povere.

Il cambiamento climatico è un acceleratore di disuguaglianze esistenti, colpendo in modo sproporzionato le comunità più vulnerabili e povere del mondo. Questi gruppi spesso vivono in condizioni che li rendono particolarmente suscettibili agli effetti negativi dei cambiamenti climatici e hanno minori risorse per adattarsi o recuperare dagli impatti. Le disuguaglianze derivanti dal cambiamento climatico sono visibili in vari contesti, dalla vulnerabilità agli eventi meteorologici estremi all'accesso a risorse essenziali come acqua potabile, cibo e alloggio sicuro.

Esposizione a Rischi e Disastri Naturali

Le comunità povere spesso vivono in aree geograficamente a rischio, come zone costiere soggette a innalzamenti del livello del mare e uragani, o aree aride dove la siccità e le ondate di calore sono più intense e frequenti. La scarsità di infrastrutture resilienti e la limitata capacità di risposta ai disastri rendono questi gruppi estremamente vulnerabili. Le conseguenze di eventi come inondazioni o cicloni possono essere devastanti, portando a perdite significative di vite, mezzi di sussistenza e alloggi.

Sicurezza Alimentare

Il cambiamento climatico minaccia direttamente la sicurezza alimentare delle comunità vulnerabili attraverso l'impoverimento delle terre agricole, la riduzione della disponibilità di acqua dolce e gli impatti negativi sulla pesca e l'acquacoltura. Questi fattori possono causare instabilità nei prezzi dei cibi e ridurre l'accesso a cibo nutriente e accessibile, aumentando il rischio di malnutrizione e disturbi correlati.

Impatti sulla Salute

Le condizioni di vita precarie e la mancanza di accesso a servizi sanitari adeguati rendono le comunità povere particolarmente esposte agli impatti sanitari del cambiamento climatico. Questi includono un aumento delle malattie trasmesse dall'acqua e dagli insetti, nonché problemi respiratori e cardiovascolari legati all'inquinamento e alle ondate di calore. La vulnerabilità a questi rischi sanitari è aggravata dalla malnutrizione e da sistemi sanitari locali spesso insufficienti.

Migrazione Forzata

Il cambiamento climatico è un driver crescente di migrazione forzata. Gli individui e le famiglie che perdono la loro casa o le loro terre a causa di disastri naturali o degrado ambientale possono essere costretti a spostarsi, spesso senza le risorse necessarie per una transizione sicura. Questi migranti climatici possono affrontare condizioni di vita ancor più precarie e discriminazione nelle nuove comunità.

Accesso a Risorse

Le disuguaglianze nell'accesso a risorse essenziali come acqua potabile, energia pulita e finanziamenti per l'adattamento climatico sono accentuate dal cambiamento climatico. Le comunità povere spesso non hanno la capacità finanziaria di investire in tecnologie resilienti al clima o di accedere a finanziamenti e assicurazioni che potrebbero aiutarle a gestire meglio i rischi.

Partecipazione alla Pianificazione e alle Decisioni

Le comunità vulnerabili frequentemente hanno una rappresentanza limitata nelle piattaforme di pianificazione e decisionali dove si discutono adattamenti e mitigazioni del cambiamento climatico. Ciò limita la loro capacità di influenzare le politiche che direttamente incidono sulle loro vite, perpetuando un ciclo di vulnerabilità e povertà.

Risposta e Azione

Affrontare queste disuguaglianze richiede una risposta globale che includa:

- Investimenti mirati nelle comunità vulnerabili per migliorare la resilienza attraverso infrastrutture migliori e accesso a servizi essenziali.

- Programmi di aiuto e sostegno che indirizzino sia le emergenze sia le strategie a lungo termine per la sicurezza alimentare e sanitaria.

- Partecipazione attiva delle comunità vulnerabili nella pianificazione e implementazione di strategie di adattamento per assicurare che le soluzioni siano efficaci e equamente distribuite.

In sintesi, le disuguaglianze amplificate dal cambiamento climatico richiedono un'attenzione urgente e azioni concrete per garantire che nessuna comunità sia lasciata indietro mentre il mondo si adatta a un clima in cambiamento. Creare sistemi più inclusivi e supportare attivamente le comunità più esposte non è solo una questione di giustizia sociale, ma anche una necessità per la stabilità e la prosperità globale a lungo termine.

Mentre continuiamo a esplorare le disuguaglianze exacerbate dal cambiamento climatico, diventa essenziale valutare le dimensioni socio-economiche aggiuntive che incidono su comunità vulnerabili in tutto il mondo, delineando strategie per un futuro più resiliente e giusto.

Impatti sulla Pianificazione Urbana e Rurale

Il cambiamento climatico modifica le dinamiche tra aree urbane e rurali. Le città, spesso situate in zone costiere o fluviali ad alto rischio di inondazioni o innalzamenti del livello del mare, richiedono infrastrutture e sistemi di gestione delle emergenze robusti per proteggere popolazioni densamente popolate. Parallelamente, le comunità rurali, che dipendono fortemente dall'agricoltura, subiscono la volatilità degli impatti climatici su risorse come acqua e terreno fertile, che sono vitali per la loro sopravvivenza. La pianificazione urbana e rurale deve quindi essere integrata con politiche di adattamento climatico per garantire che tutte le comunità siano supportate.

Investimenti in Salute Pubblica

Le comunità vulnerabili affrontano una doppia minaccia per la salute legata al clima: direttamente, attraverso un aumento delle malattie legate al calore e alla qualità dell'acqua, e indirettamente, attraverso sistemi sanitari sovraccarichi e sottofinanziati incapaci di rispondere efficacemente. Investire in sistemi sanitari robusti e accessibili è cruciale. Ciò include la creazione di infrastrutture sanitarie resilienti, l'ampliamento dell'accesso ai servizi di salute mentale e la promozione di programmi di educazione sanitaria che sensibilizzino le persone sugli impatti del cambiamento climatico sulla salute.

Promozione dell'Equità nell'Accesso all'Energia

La transizione energetica da combustibili fossili a fonti di energia rinnovabile non è solo una necessità ambientale ma anche un'opportunità per ridurre le disuguaglianze. Le comunità povere spesso spendono una proporzione significativa del loro reddito in energia o non hanno accesso a energia affidabile. Promuovere l'equità nell'accesso all'energia attraverso l'espansione delle infrastrutture di energia rinnovabile nelle regioni meno sviluppate può migliorare notevolmente la qualità della vita, riducendo al contempo le emissioni di gas serra.

Sostenibilità dell'Acqua e Gestione delle Risorse

L'accesso all'acqua potabile è un problema crescente sotto lo stress del cambiamento climatico, con siccità e contaminazione che minacciano le forniture di acqua. Sviluppare sistemi di gestione delle risorse idriche che siano sostenibili e giusti è fondamentale per garantire che tutte le comunità abbiano accesso a questa risorsa vitale. Questo può includere tecnologie per il riciclo dell'acqua, pratiche di raccolta dell'acqua piovana e politiche che regolamentino l'uso dell'acqua in modo equo.

Politiche di Supporto per l'Agricoltura Sostenibile

L'adattamento dell'agricoltura ai cambiamenti climatici attraverso pratiche sostenibili può offrire vie di sostentamento più stabili per le comunità rurali povere. Incentivi per l'agricoltura conservativa, l'agroforestazione e l'agricoltura organica possono non solo aiutare a mitigare gli impatti del cambiamento climatico ma anche migliorare la sicurezza alimentare e generare redditi stabili.

Rafforzamento delle Reti di Sicurezza Sociale

Ampliare e rafforzare le reti di sicurezza sociale per includere protezioni contro i rischi climatici può fornire un cuscinetto vitale per le comunità vulnerabili. Questo potrebbe includere assicurazioni contro il raccolto fallito, sussidi per la perdita di abitazione a causa di disastri naturali e programmi di assistenza per la migrazione forzata dovuta al clima.

Coinvolgimento Comunitario e Empowerment

Infine, è essenziale che le comunità vulnerabili non siano solo beneficiarie passive delle politiche di adattamento e mitigazione, ma siano attivamente coinvolte nel processo decisionale. L'empowerment delle comunità attraverso l'educazione, la formazione e il sostegno finanziario permette loro di adottare misure di adattamento che sono culturalmente appropriate e sostenibili a lungo termine.

Il cambiamento climatico, quindi, non solo richiede un'esplorazione approfondita delle sue implicazioni sociali ed economiche ma anche un impegno globale per implementare soluzioni che siano equamente distribuite e giustamente finanziarie. Questa è una componente cruciale per garantire una resilienza globale e una sostenibilità a lungo termine in risposta agli impatti sempre più gravi del cambiamento climatico.

Proseguendo nella discussione su come il cambiamento climatico influenzi in modo sproporzionato le comunità vulnerabili, è cruciale esaminare ulteriori aspetti che rivelano come la crescente crisi climatica esacerbi le disuguaglianze globali e minacci la coesione sociale.

Impatto sulle Culture Indigene

Le comunità indigene, spesso custodi di biodiversità significativa e depositarie di conoscenze tradizionali sulla gestione delle risorse naturali, sono particolarmente vulnerabili al cambiamento climatico. La distruzione degli habitat naturali, l'alterazione dei cicli stagionali e la perdita della biodiversità possono erodere le basi culturali e spirituali di queste comunità, minacciando la loro stessa sopravvivenza. È fondamentale integrare le conoscenze indigene nei piani di adattamento al cambiamento climatico e assicurare che queste comunità abbiano un ruolo chiave nella formulazione delle strategie che influenzano direttamente le loro terre e il loro modo di vita.

Effetti sui Sistemi Educativi

Il cambiamento climatico incide anche sui sistemi educativi, specialmente in quelle comunità dove le risorse sono già limitate. Gli eventi climatici estremi possono causare la chiusura prolungata delle scuole o danneggiarle fisicamente, interrompendo l'istruzione e compromettendo le opportunità future dei giovani. Investire in infrastrutture educative resilienti e integrare l'educazione al cambiamento climatico nei curricoli scolastici può aiutare a preparare le nuove generazioni ad affrontare e gestire le sfide climatiche.

Vulnerabilità delle Donne e dei Gruppi Marginalizzati

Le donne e altri gruppi marginalizzati spesso affrontano un rischio maggiore di impatti negativi del cambiamento climatico. Questi gruppi tendono ad avere accesso limitato alle risorse economiche e decisionali, il che li rende particolarmente suscettibili in caso di disastri naturali. Inoltre, possono essere esposti a maggiori rischi di violenza, sfruttamento e perdita di mezzi di sussistenza durante e dopo tali eventi. È essenziale sviluppare politiche che tengano conto di queste vulnerabilità e che promuovano l'equità di genere e l'inclusione sociale nelle strategie di risposta al cambiamento climatico.

Miglioramento dell'Accesso all'Acqua Pulita

L'acqua è una risorsa fondamentale che il cambiamento climatico rende sempre più scarsa in molte parti del mondo, aggravando le condizioni di vita delle comunità povere. La costruzione di infrastrutture resilienti che migliorino l'accesso all'acqua pulita e sicura non è solo una questione di salute pubblica, ma anche di equità sociale. Le strategie possono includere tutto, dall'installazione di sistemi di raccolta delle acque piovane alla desalinizzazione, fino al miglioramento delle pratiche di conservazione e gestione delle risorse idriche esistenti.

Politiche Fiscali e Sostegno Economico

Le politiche fiscali e il sostegno economico devono essere progettati per assistere le comunità vulnerabili nell'affrontare gli impatti del cambiamento climatico. Questo può includere sussidi per l'acquisto di beni e servizi essenziali, incentivi per l'adozione di tecnologie sostenibili, e aiuti finanziari diretti per aiutare le famiglie colpite da disastri climatici. Garantire che tali politiche siano giustamente distribuite e facilmente accessibili è cruciale per la loro efficacia.

Rafforzamento delle Infrastrutture Locali

Le comunità vulnerabili spesso soffrono per la mancanza di infrastrutture resilienti. Potenziare queste infrastrutture—che includono strade, ponti, reti di comunicazione e strutture sanitarie—è vitale per garantire che queste comunità possano resistere meglio agli shock climatici e recuperare più rapidamente dopo gli eventi estremi. Questo implica un investimento sostanziale non solo nel miglioramento fisico delle infrastrutture, ma anche nel potenziamento delle capacità locali per mantenere e gestire tali risorse in modo sostenibile.

In sintesi, mentre il cambiamento climatico continua a presentare sfide formidabili, affrontare queste questioni richiede un approccio olistico e integrato che consideri le dimensioni sociali, economiche e ambientali delle disuguaglianze. Solo attraverso una pianificazione attenta e una risposta inclusiva sarà possibile garantire che nessuna comunità sia lasciata indietro mentre il mondo si impegna a combattere e adattarsi agli impatti sempre più severi del cambiamento climatico.

Concludendo, il cambiamento climatico agisce come un amplificatore di disuguaglianze, colpendo in modo sproporzionato le comunità più vulnerabili e povere a livello globale. Queste comunità, spesso prive di risorse finanziarie, infrastrutturali e tecnologiche adeguate, sono esposte a un rischio maggiore di subire gli effetti devastanti degli eventi climatici estremi e delle variazioni ambientali a lungo termine. La loro capacità di adattarsi e recuperare da tali eventi è limitata, rendendo imperativo un intervento mirato e efficace per ridurre queste disuguaglianze e aumentare la loro resilienza.

Strategie di Adattamento e Mitigazione

1. **Infrastrutture Resilienti**: Investire in infrastrutture resilienti al clima, come edifici più robusti, sistemi di drenaggio migliorati e barriere contro le inondazioni, è vitale per proteggere le comunità vulnerabili. Questi investimenti devono essere accompagnati da una pianificazione urbana che consideri i rischi futuri e utilizzare tecnologie che migliorino l'efficienza e la sostenibilità.

2. **Accesso Equo alle Risorse**: Assicurare un accesso equo a risorse essenziali come acqua potabile, cibo nutriente e servizi sanitari è fondamentale. Ciò implica la costruzione di sistemi di approvvigionamento idrico sostenibili, il supporto all'agricoltura locale per la produzione di cibo e l'espansione dell'accesso a cure mediche, particolarmente in risposta agli eventi climatici che possono causare emergenze sanitarie.

3. **Educazione e Formazione**: Ampliare le opportunità educative e di formazione può fornire agli individui le competenze necessarie per adattarsi ai cambiamenti climatici. L'educazione può anche sensibilizzare riguardo le pratiche sostenibili e le strategie di mitigazione del rischio, creando una comunità più informata e resiliente.

4. **Supporto Finanziario e Assicurativo**:
   Sviluppare programmi di supporto finanziario
   per aiutare le famiglie a riprendersi dai disastri e
   implementare polizze assicurative accessibili che
   coprano specificamente i rischi legati al clima
   può fornire una rete di sicurezza essenziale per le
   comunità vulnerabili.

5. **Partecipazione Politica e Decisionale**:
   Incoraggiare e facilitare la partecipazione attiva
   delle comunità vulnerabili nei processi
   decisionali che le riguardano direttamente può
   garantire che le politiche di adattamento e
   mitigazione siano pertinenti e efficaci. Questo
   include il coinvolgimento nelle decisioni locali e
   nazionali riguardanti la gestione delle risorse
   naturali, la pianificazione dell'uso del suolo e le
   strategie di risposta alle emergenze.

6. **Collaborazione Globale**: Rafforzare la
   collaborazione internazionale per fornire risorse
   tecniche, finanziarie e umane alle regioni più
   colpite è cruciale. Ciò può includere il
   trasferimento di tecnologie verdi, l'assistenza
   finanziaria per progetti di adattamento e la
   costruzione di capacità attraverso partenariati
   internazionali.

In sintesi, affrontare le disuguaglianze esacerbate dal
cambiamento climatico richiede un impegno
concertato e multidisciplinare che comprenda
interventi governativi, il coinvolgimento del settore

privato, l'azione delle ONG e la partecipazione attiva delle comunità. Solo attraverso un approccio integrato e inclusivo è possibile costruire un futuro in cui tutti, indipendentemente dalla loro situazione economica o geografica, possano godere di sicurezza, salute e opportunità in un mondo in rapido cambiamento.

9. Energia rinnovabile: Esplorare soluzioni basate sull'energia rinnovabile come solare, eolico, idroelettrico e geotermico.

L'energia rinnovabile rappresenta una delle soluzioni più efficaci e sostenibili per affrontare il cambiamento climatico,

riducendo la dipendenza dai combustibili fossili e diminuendo le emissioni globali di gas serra. Ogni forma di energia rinnovabile, dal solare all'eolico, dall'idroelettrico al geotermico, offre vantaggi unici e può essere implementata in vari contesti per massimizzare l'efficienza energetica e minimizzare l'impatto ambientale. Esploreremo ciascuna di queste fonti di energia rinnovabile in dettaglio:

Energia Solare

L'energia solare è una delle fonti di energia rinnovabile più accessibili e rapidamente espandibili. Utilizza pannelli fotovoltaici per convertire la luce solare diretta in elettricità. Questa tecnologia può essere implementata sia in grande scala, nei parchi solari, sia a livello domestico, con pannelli installati sui tetti delle case. Le innovazioni recenti nei materiali fotovoltaici hanno migliorato l'efficienza e ridotto i costi, rendendo l'energia solare un'opzione sempre più conveniente per molte regioni del mondo.

Energia Eolica

L'energia eolica è generata attraverso turbine eoliche che convertono l'energia cinetica del vento in energia elettrica. Esistono due tipi principali di installazioni eoliche: terrestri e offshore. Le turbine offshore, situate in mare aperto, possono sfruttare venti più costanti e forti, producendo più energia rispetto a quelle terrestri. L'energia eolica è particolarmente vantaggiosa in aree con venti forti e costanti e sta diventando una componente critica dei piani energetici nazionali per molti paesi.

Energia Idroelettrica

L'energia idroelettrica utilizza l'energia dell'acqua in movimento per produrre elettricità, tipicamente tramite dighe che rilasciano acqua attraverso turbine. È una delle forme più mature e consolidate di energia rinnovabile. Nonostante sia considerata sostenibile, la costruzione di grandi dighe può avere impatti ambientali significativi, inclusi cambiamenti negli ecosistemi fluviali e nella vita delle comunità locali. Pertanto, la tendenza attuale è verso lo sviluppo di piccole centrali idroelettriche e il miglioramento dell'efficienza delle installazioni esistenti.

Energia Geotermica

L'energia geotermica sfrutta il calore interno della Terra per produrre elettricità o per il riscaldamento direttamente. Le centrali geotermiche, che richiedono fonti di calore terrestre come quelle trovate in regioni vulcaniche, sono in grado di fornire energia costante e affidabile, indipendentemente dalle condizioni meteorologiche. Recentemente, l'attenzione si è rivolta anche verso il miglioramento delle tecnologie di pompe di calore geotermiche, che possono essere utilizzate per il riscaldamento e il raffreddamento degli edifici in una varietà di contesti geografici.

Integrazione e Sfide

Integrare queste diverse forme di energia rinnovabile in una rete energetica nazionale presenta sfide, inclusa la necessità di reti elettriche ad alta capacità e sistemi di stoccaggio dell'energia per gestire la variabilità della produzione di energia rinnovabile. Inoltre, le politiche energetiche e gli incentivi finanziari giocano un ruolo cruciale nel promuovere l'adozione di energie rinnovabili, richiedendo un impegno coordinato tra governi, industrie e consumatori.

In sintesi, mentre ciascuna forma di energia rinnovabile offre soluzioni specifiche e vantaggi per ridurre l'impatto ambientale e aumentare la sostenibilità, la loro implementazione efficace dipende da un approccio olistico che consideri aspetti tecnologici, economici e sociali. L'investimento continuo in ricerca e sviluppo, insieme al supporto politico e commerciale, è essenziale per superare le sfide esistenti e massimizzare il potenziale delle energie rinnovabili per un futuro energetico pulito e sostenibile.

Esplorando ulteriormente le potenzialità dell'energia rinnovabile, è fondamentale considerare anche le sfide avanzate, le innovazioni in corso e il contesto più ampio in cui queste tecnologie stanno evolvendo. L'energia rinnovabile non è solo una soluzione per ridurre le emissioni di gas serra, ma è anche un motore di trasformazione economica e sociale.

Sviluppo e Integrazione di Nuove Tecnologie

Le innovazioni continuano a giocare un ruolo cruciale nel migliorare l'efficienza e l'accessibilità delle energie rinnovabili. Ad esempio, il miglioramento delle tecnologie di batteria per lo stoccaggio dell'energia sta rivoluzionando il modo in cui l'energia rinnovabile può essere integrata nelle reti elettriche. Questi sistemi di accumulo permettono di conservare l'energia prodotta in momenti di eccesso per poi rilasciarla quando la produzione è inferiore alla domanda, stabilizzando così l'offerta energetica e riducendo la dipendenza da fonti energetiche intermittenti.

Decentralizzazione della Produzione Energetica

L'energia rinnovabile facilita la decentralizzazione della produzione energetica. Sistemi come il fotovoltaico domestico o le micro-turbine eoliche permettono ai singoli consumatori e alle comunità di produrre la propria energia, riducendo la dipendenza dalle reti elettriche nazionali e migliorando la sicurezza energetica. Questa decentralizzazione può anche stimolare l'economia locale, creare posti di lavoro e promuovere l'indipendenza energetica.

Impatti Ambientali delle Tecnologie Rinnovabili

Sebbene l'energia rinnovabile sia generalmente più pulita rispetto ai combustibili fossili, anche questa può avere impatti ambientali che necessitano di gestione attenta. Ad esempio, la produzione di pannelli solari implica l'uso di sostanze chimiche potenzialmente dannose e la costruzione di grandi impianti idroelettrici può alterare significativamente gli ecosistemi locali. È essenziale valutare attentamente questi impatti e sviluppare strategie per minimizzare l'impronta ecologica delle tecnologie rinnovabili.

Sfide di Mercato e Politiche Energetiche

Il passaggio a un'economia basata su energia rinnovabile richiede modifiche sostanziali alle politiche energetiche e ai mercati. Gli incentivi governativi, come i crediti fiscali e i sussidi, sono spesso cruciali per rendere le energie rinnovabili competitive rispetto ai combustibili fossili più economici. Tuttavia, queste politiche devono essere attentamente bilanciate per non distorcere il mercato o incentivare soluzioni non ottimali.

Equità e Accesso all'Energia

Uno dei problemi centrali nel settore dell'energia rinnovabile è garantire che i benefici di queste tecnologie siano accessibili a tutti, inclusi coloro che vivono in aree remote o in nazioni in via di sviluppo. L'accesso equo all'energia è fondamentale per migliorare la qualità della vita e sostenere lo sviluppo economico. Ciò richiede soluzioni innovative e partnership tra governi, organizzazioni internazionali e il settore privato per finanziare e implementare infrastrutture energetiche sostenibili in tutto il mondo.

Prospettive Future

Guardando al futuro, la ricerca e lo sviluppo continueranno a essere pilastri per superare le sfide tecniche attuali e per scoprire nuove possibilità nell'ambito delle energie rinnovabili. L'esplorazione di nuove forme di energia, come quella delle maree o le biotecnologie che utilizzano microorganismi per produrre energia, potrebbe aprire nuove vie per un futuro energetico pulito e sostenibile.

In sintesi, l'energia rinnovabile non è solo una componente critica della lotta contro il cambiamento climatico, ma rappresenta anche un'opportunità per riformare le strutture economiche e sociali verso modelli più sostenibili e giusti. La chiave per il successo in questo campo sarà una combinazione di innovazione tecnologica, politiche informate, cooperazione internazionale e un impegno verso l'equità sociale.

Proseguendo nell'analisi delle energie rinnovabili e delle loro implicazioni economiche e sociali, è fondamentale esaminare ulteriori aspetti e sfide che emergono man mano che la transizione energetica globale prende forma.

Sviluppo di Tecnologie Complementari

Il potenziale delle energie rinnovabili può essere ulteriormente potenziato dallo sviluppo di tecnologie complementari. Ad esempio, l'evoluzione delle reti smart grid è fondamentale per gestire in modo efficiente la distribuzione di energia da fonti rinnovabili, che tendono ad essere più variabili e meno prevedibili rispetto alle fonti tradizionali. Le smart grid utilizzano tecnologie informatiche per ottimizzare la produzione, la distribuzione e il consumo di energia, migliorando la resilienza e l'efficienza del sistema energetico.

Implicazioni Geopolitiche

La transizione verso l'energia rinnovabile ha anche importanti implicazioni geopolitiche. Paesi che attualmente dipendono fortemente dalle esportazioni di combustibili fossili potrebbero trovare sfide economiche significative mentre la domanda globale si sposta verso fonti più pulite. Al contrario, paesi con abbondanti risorse rinnovabili, come ampie aree soleggiate o coste ventose, potrebbero trovare nuove opportunità economiche e aumentare la loro influenza geopolitica.

Integrazione Settoriale

L'integrazione delle energie rinnovabili si estende oltre il solo settore elettrico. Il riscaldamento e il raffreddamento degli edifici, così come il settore dei trasporti, possono beneficiare enormemente dall'adozione di tecnologie rinnovabili. Ad esempio, i veicoli elettrici, alimentati da energia pulita, possono ridurre significativamente l'impronta di carbonio dei trasporti, mentre le pompe di calore geotermiche possono offrire soluzioni efficienti per il riscaldamento e il raffreddamento degli edifici.

Sfide della Transizione Energetica

La transizione verso un sistema basato su energie rinnovabili non è esente da sfide. La volatilità della produzione energetica da fonti come il solare e l'eolico richiede soluzioni innovative per lo stoccaggio dell'energia, come batterie avanzate o altre forme di accumulo energetico. Inoltre, ci sono questioni di equità da considerare, poiché le comunità meno abbienti potrebbero non avere il capitale necessario per investire in tecnologie rinnovabili senza aiuti o incentivi governativi.

Formazione e Sviluppo delle Competenze

Per supportare la transizione verso le energie rinnovabili, è essenziale anche investire nella formazione e nello sviluppo delle competenze. L'istruzione e la formazione professionale devono essere allineate con le nuove esigenze del mercato del lavoro, preparando una forza lavoro qualificata in grado di progettare, installare, gestire e mantenere le infrastrutture energetiche rinnovabili. Questo include non solo ingegneri e tecnici, ma anche professionisti nel campo della gestione dei progetti, della finanza e della policy ambientale.

Promozione della Ricerca e Innovazione

Infine, la ricerca e l'innovazione continuano a essere pilastri fondamentali per superare le barriere tecniche attuali e sbloccare il pieno potenziale delle energie rinnovabili. Investimenti in R&D possono portare a scoperte significative in termini di efficienza dei materiali, riduzione dei costi e miglioramenti nella sostenibilità ambientale delle tecnologie rinnovabili. Collaborazioni tra università, istituti di ricerca, industrie e governi possono accelerare questo progresso e facilitare la commercializzazione di nuove soluzioni.

In conclusione, l'energia rinnovabile è al centro di una trasformazione complessa e multifaccettata del panorama energetico globale. Oltre a mitigare l'impatto del cambiamento climatico, l'adozione su larga scala delle energie rinnovabili può stimolare l'innovazione tecnologica, promuovere la sicurezza energetica, migliorare la sostenibilità ambientale e favorire lo sviluppo economico equo. Tuttavia, realizzare questi benefici richiederà politiche ponderate, investimenti strategici e una collaborazione internazionale continua.

Approfondendo ulteriormente l'importanza dell'energia rinnovabile nella mitigazione del cambiamento climatico e nel promuovere la sostenibilità globale, è essenziale considerare aspetti aggiuntivi che influenzano il suo sviluppo e l'implementazione. Le energie rinnovabili non sono solo cruciali per ridurre le emissioni di gas serra, ma anche per guidare l'innovazione tecnologica e stimolare la crescita economica in vari settori.

Integrazione Energetica Globale

Per massimizzare l'efficacia dell'energia rinnovabile, è fondamentale una sua integrazione su scala globale. Ciò implica la creazione di reti energetiche internazionali che possano bilanciare la domanda e l'offerta attraverso confini nazionali. Ad esempio, le reti transnazionali di energia eolica e solare possono aiutare a stabilizzare l'approvvigionamento energetico, sfruttando le differenze di fuso orario e le variazioni meteorologiche tra le regioni. Questo tipo di integrazione richiede però un elevato grado di cooperazione politica e investimenti condivisi in infrastrutture di trasmissione.

Barriere Normative e di Mercato

Uno degli ostacoli significativi allo sviluppo dell'energia rinnovabile sono le barriere normative e di mercato che possono frenare gli investimenti. Molte politiche energetiche nazionali sono ancora fortemente inclinate a favore dei combustibili fossili a causa di sussidi storici e di interessi consolidati. Modificare questo quadro normativo è essenziale per creare un campo di gioco equo per le energie rinnovabili. Questo include la riforma dei sussidi energetici, l'introduzione di tariffe feed-in per le energie rinnovabili e la regolamentazione che favorisca l'efficienza energetica.

Educazione al Consumatore e Cambiamento Comportamentale

Il successo dell'energia rinnovabile dipende anche dalla consapevolezza e dall'adozione da parte dei consumatori. Educazione e sensibilizzazione possono giocare un ruolo cruciale nel modificare i comportamenti energetici. Campagne informative che evidenziano i benefici delle energie rinnovabili e come i consumatori possono partecipare attivamente alla transizione energetica sono fondamentali. Questo include informazioni su incentivi per l'installazione di sistemi solari domestici, l'acquisto di veicoli elettrici e la partecipazione a programmi di energia verde offerti dai fornitori locali.

Innovazioni nel Finanziamento

Il finanziamento è un altro aspetto critico per l'accelerazione dello sviluppo delle energie rinnovabili. Oltre ai tradizionali modelli di finanziamento, come prestiti e sovvenzioni, stanno emergendo nuovi approcci come il crowdfunding e le obbligazioni verdi, che permettono una più ampia partecipazione di investitori individuali e istituzionali. Questi strumenti finanziari non solo mobilizzano capitali significativi per progetti di energia rinnovabile, ma anche aumentano la consapevolezza pubblica e il coinvolgimento nei confronti della sostenibilità.

Tecnologie Emergenti e Ricerca Continua

La continua ricerca e sviluppo sono imperativi per superare le limitazioni tecniche delle energie rinnovabili esistenti e per scoprire nuove fonti di energia sostenibile. L'innovazione in tecnologie emergenti come l'energia delle maree, l'energia delle onde e le nuove forme di bioenergia potrebbe sbloccare ulteriori capacità di generazione rinnovabile. Allo stesso tempo, miglioramenti nei materiali e nelle tecnologie di conversione energetica possono significativamente aumentare l'efficienza e ridurre i costi dell'energia solare, eolica, idroelettrica e geotermica.

Sfide della Transizione Energetica Equa

Infine, è fondamentale affrontare le sfide di una transizione energetica equa. Questo significa assicurare che i benefici dell'energia rinnovabile siano distribuiti equamente tra diverse comunità, inclusi quelli in regioni meno sviluppate o economicamente svantaggiate. Politiche che supportino l'equità nella transizione energetica possono includere programmi di formazione professionale, supporto per le imprese locali nel settore delle energie rinnovabili e iniziative di sviluppo comunitario basate sull'energia pulita.

Proseguendo con questa analisi dettagliata, diventa evidente che l'energia rinnovabile non è solo una necessità ambientale ma anche un'opportunità economica e sociale vasta. La chiave per realizzare il suo potenziale pieno risiede nell'innovazione continua, nella cooperazione globale e in politiche ben strutturate che promuovano la sostenibilità e l'equità a lungo termine.

Continuando l'esplorazione dell'energia rinnovabile e delle sue implicazioni globali, è cruciale esaminare ulteriori sfaccettature che influenzano l'adozione e l'efficacia di queste tecnologie in contesti diversi.

Resilienza dell'infrastruttura energetica

Per garantire la resilienza delle infrastrutture energetiche basate su fonti rinnovabili, è necessario considerare attentamente la loro capacità di resistere e adattarsi agli eventi climatici estremi, che sono previsti aumentare in frequenza e intensità a causa del cambiamento climatico. Questo richiede non solo la costruzione di infrastrutture fisiche robuste ma anche l'integrazione di sistemi di gestione avanzati che possano anticipare e rispondere dinamicamente alle fluttuazioni dell'offerta e della domanda di energia.

Sviluppo delle capacità locali

Per massimizzare l'impatto delle energie rinnovabili, è essenziale sviluppare le capacità locali. Questo include la formazione di tecnici, ingegneri e lavoratori specializzati che possano installare, mantenere e riparare le infrastrutture energetiche rinnovabili. Investire in educazione e formazione a livello locale non solo aiuta a creare posti di lavoro, ma anche a garantire che le conoscenze tecniche necessarie per supportare queste tecnologie siano radicate nelle comunità che ne beneficiano.

Integrazione delle politiche

L'efficacia delle energie rinnovabili è spesso limitata dalle politiche e regolamenti esistenti che non sono adeguatamente allineati con le esigenze di una transizione energetica. Una maggiore integrazione delle politiche ambientali, energetiche, economiche e di sviluppo può facilitare un approccio più coordinato e efficace alla promozione dell'energia rinnovabile. Ciò include la rimozione di barriere normative obsolete, la creazione di incentivi fiscali per l'adozione di energie rinnovabili e l'implementazione di tariffe che riflettano il vero costo ambientale e sociale dei combustibili fossili.

Coinvolgimento del settore privato

Il settore privato ha un ruolo cruciale da giocare nella transizione verso le energie rinnovabili. Attraverso investimenti, ricerca e sviluppo, e la creazione di nuovi mercati, le aziende possono accelerare l'adozione di tecnologie rinnovabili. Le partnership tra pubblico e privato possono inoltre fornire i capitali necessari per infrastrutture su larga scala, come parchi eolici offshore o grandi impianti solari, che possono essere proibitivi per il solo settore pubblico.

Giustizia energetica e accesso universale

Un aspetto fondamentale della transizione energetica è garantire che tutti abbiano accesso a energia affidabile e a prezzi accessibili. Ciò è particolarmente importante per le comunità in via di sviluppo, dove l'accesso all'energia può avere un impatto diretto sullo sviluppo economico e sulla qualità della vita. Le strategie di energia rinnovabile dovrebbero quindi includere componenti che indirizzino l'accesso energetico, come micro-reti solari e soluzioni di energia distribuita che possano essere implementate in comunità remote o meno sviluppate.

Sostenibilità a lungo termine e cicli di vita

Infine, mentre l'energia rinnovabile è fondamentale per ridurre le emissioni di gas serra, è importante considerare l'intero ciclo di vita di queste tecnologie. Dalla produzione e installazione fino alla fine del loro utilizzo, è vitale minimizzare l'impatto ambientale, assicurando che le risorse siano utilizzate in modo efficiente e che i materiali possano essere riciclati o smaltiti in modo sicuro.

Continuando a esplorare e implementare l'energia rinnovabile con una visione olistica e integrata, possiamo non solo mitigare gli effetti del cambiamento climatico, ma anche costruire sistemi energetici più resilienti, equi e sostenibili. Questa transizione, tuttavia, richiede un impegno globale costante, innovazione continua, e un approccio che tenga conto delle diverse esigenze e capacità di tutte le comunità nel mondo.

Concludendo, la transizione verso l'energia rinnovabile rappresenta un pilastro fondamentale per combattere il cambiamento climatico, ridurre le emissioni di carbonio e promuovere la sostenibilità ambientale. Tuttavia, affrontare questa transizione richiede una strategia comprensiva e multilaterale che consideri non solo l'aspetto tecnologico, ma anche le sfide economiche, sociali e politiche.

Pianificazione e Strategia Integrata

Un approccio integrato alla transizione energetica richiede la collaborazione tra governi, industrie, comunità e organizzazioni internazionali. La pianificazione deve abbracciare aspetti di infrastruttura, regolamentazione, finanziamento e innovazione. Le politiche devono essere allineate per supportare lo sviluppo e l'integrazione delle tecnologie rinnovabili, dalla generazione alla distribuzione e allo stoccaggio dell'energia.

Innovazione e Sviluppo Tecnologico

Il progresso tecnologico è cruciale per superare le attuali barriere all'adozione delle energie rinnovabili. Ciò include il miglioramento dell'efficienza dei pannelli solari, delle turbine eoliche, delle tecnologie di accumulo e delle reti intelligenti. L'investimento in ricerca e sviluppo è fondamentale per ridurre i costi e aumentare l'efficacia delle tecnologie rinnovabili.

Sostenibilità Economica e Creazione di Mercati

Per assicurare la sostenibilità economica delle energie rinnovabili, è necessario creare e mantenere mercati dinamici e competitivi. Ciò può essere facilitato attraverso incentivi fiscali, sussidi, tariffe garantite per le energie rinnovabili e la rimozione di sussidi per i combustibili fossili. Tali misure possono aiutare a rendere le energie rinnovabili economicamente vantaggiose per produttori e consumatori.

Equità e Accessibilità

Garantire che i benefici della transizione energetica siano distribuiti equamente è essenziale. Questo significa rendere l'energia rinnovabile accessibile a comunità di ogni livello economico e geografico, comprese quelle in nazioni in via di sviluppo o in aree remote. Programmi di microfinanziamento, soluzioni di energia distribuita e iniziative di formazione possono giocare un ruolo chiave in questo processo.

Gestione Ambientale e Sociale

Oltre ai benefici, è importante gestire gli impatti ambientali e sociali associati alla produzione e allo smaltimento delle tecnologie rinnovabili. Questo comprende la gestione sostenibile delle risorse utilizzate nella produzione di pannelli solari e turbine eoliche e l'elaborazione di strategie efficaci per il riciclaggio di questi materiali a fine vita.

Cooperazione Internazionale

Infine, la cooperazione internazionale è indispensabile per affrontare la sfida globale del cambiamento climatico. Condividere tecnologie, finanziamenti e migliori pratiche può accelerare la transizione energetica globale e aiutare a costruire una resilienza comune. Trattati internazionali e accordi bilaterali possono facilitare questo scambio e supportare politiche energetiche sostenibili a livello mondiale.

In sintesi, mentre l'energia rinnovabile offre un percorso vitale verso un futuro sostenibile, il suo successo dipende da un impegno collettivo per superare le sfide tecniche, economiche e sociali. La transizione a un'energia pulita non è solo una necessità ambientale, ma anche un'opportunità per promuovere l'innovazione, la crescita economica e la giustizia sociale su scala globale. Implementando strategie integrate e sostenendo un impegno globale continuo, possiamo sfruttare il potenziale delle energie rinnovabili per creare un futuro energetico più pulito, sicuro e equo.

10. Efficienza energetica: Promuovere pratiche di risparmio energetico nell'industria, nelle abitazioni e nei trasporti.

Promuovere l'efficienza energetica è un elemento fondamentale nella lotta contro il cambiamento climatico, offrendo modi per ridurre l'uso di energia e le emissioni di gas serra senza compromettere la crescita economica o il comfort. L'efficienza energetica può essere migliorata attraverso varie pratiche e tecnologie in diversi settori, come l'industria, le abitazioni e i trasporti. Ecco alcune strategie chiave e pratiche per ciascun settore:

Industria

1. **Audit Energetici**: Condurre audit energetici regolari per identificare aree in cui il consumo di energia può essere ridotto e l'efficienza migliorata.

2. **Ottimizzazione dei Processi**: Adottare tecnologie avanzate e ottimizzare i processi produttivi per ridurre il consumo energetico. Questo può includere l'automazione e il controllo migliorato dei processi industriali.

3. **Recupero di Calore**: Installare sistemi di recupero del calore residuo per utilizzare il calore sprecato nei processi industriali, trasformandolo in energia utile.

4. **Motori ad Alta Efficienza e VFDs**: Sostituire i motori più vecchi e meno efficienti con quelli di nuova generazione ad alta efficienza e utilizzare inverter di frequenza variabile (VFDs) per controllare la velocità dei motori in base al carico richiesto.

Abitazioni

1. **Isolamento Termico**: Migliorare l'isolamento termico degli edifici per ridurre la necessità di riscaldamento e raffreddamento. Ciò include finestre a doppio o triplo vetro, isolamento delle pareti, dei tetti e dei pavimenti.

2. **Sistemi di Riscaldamento e Raffreddamento ad Alta Efficienza**: Installare sistemi HVAC (riscaldamento, ventilazione e aria condizionata) ad alta efficienza che consumano meno energia per mantenere una temperatura confortevole.

3. **Illuminazione a LED**: Sostituire le lampadine tradizionali con lampadine a LED, che usano molto meno energia e durano più a lungo.

4. **Elettrodomestici Energeticamente Efficienti**: Scegliere elettrodomestici con alti rating di efficienza energetica, che possono ridurre significativamente il consumo energetico in casa.

Trasporti

1. **Veicoli Elettrici e Ibridi**: Promuovere l'uso di veicoli elettrici (EV) e ibridi che offrono un'efficienza energetica superiore rispetto ai tradizionali veicoli a combustione interna.

2. **Miglioramento del Carburante**: Migliorare l'efficienza del carburante dei veicoli attraverso tecnologie avanzate del motore e miglioramenti aerodinamici.

3. **Mobilità Sostenibile**: Incoraggiare l'uso di mezzi di trasporto pubblico, il car sharing e le infrastrutture per biciclette e pedoni per ridurre la dipendenza dai veicoli privati.

4. **Logistica e Pianificazione**: Ottimizzare le rotte logistiche e la pianificazione del trasporto per minimizzare i viaggi a vuoto e migliorare l'efficienza complessiva del trasporto di merci.

Politiche e Incentivi

Affinché queste pratiche diventino norma, è essenziale che i governi locali e nazionali implementino politiche che incentivino l'efficienza energetica. Ciò può includere sgravi fiscali, incentivi finanziari, normative che stabiliscano standard minimi di efficienza energetica, e programmi educativi per sensibilizzare il pubblico sull'importanza del risparmio energetico.

Implementando queste misure, possiamo non solo ridurre l'impatto ambientale ma anche abbattere i costi energetici per le industrie, le case e il settore dei trasporti, contribuendo significativamente alla lotta contro il cambiamento climatico e promuovendo uno sviluppo sostenibile a lungo termine.

Approfondendo ulteriormente le strategie per promuovere l'efficienza energetica, esploriamo come tecnologie innovative, politiche integrate e pratiche quotidiane possano essere implementate per ridurre ulteriormente il consumo energetico in vari settori.

Innovazioni in Materiali e Tecnologie

L'avanzamento nella scienza dei materiali gioca un ruolo critico nell'efficienza energetica. Materiali isolanti più avanzati possono significativamente migliorare l'efficienza energetica degli edifici, riducendo la necessità di riscaldamento e raffreddamento. Analogamente, lo sviluppo di semiconduttori più efficienti e di nuove tecnologie fotovoltaiche può aumentare l'efficienza dei pannelli solari e dei dispositivi elettronici.

Intelligenza Artificiale e Automazione

L'intelligenza artificiale (IA) e l'automazione offrono possibilità rivoluzionarie per ottimizzare l'uso dell'energia. Sistemi intelligenti di gestione dell'energia in edifici commerciali e residenziali possono imparare i pattern di consumo energetico e regolare automaticamente il riscaldamento, la ventilazione, l'aria condizionata e l'illuminazione per massimizzare l'efficienza. In ambito industriale, l'IA può essere utilizzata per ottimizzare i processi di produzione e ridurre il consumo energetico senza compromettere la produttività.

Educazione Pubblica e Sensibilizzazione

Incoraggiare un cambiamento comportamentale attraverso l'educazione può avere un impatto significativo sull'efficienza energetica. Campagne di sensibilizzazione possono informare i cittadini sui vantaggi dell'efficienza energetica e su come le semplici azioni quotidiane, come spegnere le luci non utilizzate o ridurre il riscaldamento di un grado, possano ridurre il consumo energetico. Programmi educativi nelle scuole possono anche preparare le future generazioni a essere più consapevoli dell'energia.

Normative e Codici Edilizi

I governi possono influenzare significativamente l'efficienza energetica attraverso la legislazione. L'adozione di codici edilizi più rigorosi che richiedano o incentivino l'isolamento superiore, finestre ad alta efficienza e sistemi HVAC avanzati può spingere il settore edile verso costruzioni più verdi. Normative che richiedono o incentivano la ristrutturazione energetica degli edifici esistenti possono anche avere un impatto notevole sul consumo energetico nazionale.

Sistemi di Trasporto Pubblico Energeticamente Efficienti

Migliorare l'efficienza energetica nel settore dei trasporti non si limita solo ai veicoli, ma anche all'infrastruttura di supporto. Sviluppare e promuovere sistemi di trasporto pubblico energeticiamente efficienti, come treni ad alta efficienza energetica e autobus elettrici, può ridurre significativamente l'impronta di carbonio del settore dei trasporti. Inoltre, la pianificazione urbana che promuove la camminabilità e l'uso della bicicletta può diminuire la dipendenza dai veicoli privati e i relativi consumi energetici.

Etichettatura Energetica e Standard di Performance

Programmi di etichettatura energetica che informano i consumatori sulla performance energetica degli elettrodomestici e dei veicoli possono guidare le scelte verso prodotti più efficienti. Questi standard, accoppiati a incentivi per i produttori per superare le normative di base, possono spingere l'intero mercato verso una maggiore efficienza energetica.

Partenariati Globali e Condivisione della Conoscenza

La collaborazione internazionale è essenziale per accelerare l'adozione delle pratiche di efficienza energetica. Condividere ricerca, innovazioni, politiche di successo e lezioni apprese attraverso confini internazionali può aiutare i paesi a implementare soluzioni efficaci più rapidamente e con costi minori.

In sintesi, promuovere l'efficienza energetica richiede un approccio olistico che integri tecnologia avanzata, politiche informative, cambiamenti comportamentali e cooperazione internazionale. L'adozione di queste pratiche e strategie su vasta scala non solo contribuirà significativamente alla riduzione delle emissioni globali di gas serra, ma porterà anche a risparmi economici sostanziali, migliorando la sicurezza energetica e sostenendo lo sviluppo sostenibile a lungo termine.

Mentre esploriamo ulteriormente il vasto campo dell'efficienza energetica, è essenziale considerare come le innovazioni interdisciplinari e le strategie multilivello possano essere utilizzate per ottimizzare il consumo energetico in maniera ancora più efficace e diffusa.

Adattamento delle Infrastrutture Energetiche

L'adattamento delle infrastrutture esistenti per migliorare l'efficienza energetica è fondamentale. Questo include la modernizzazione delle reti elettriche per renderle più intelligenti e capaci di integrare fonti di energia rinnovabile distribuite, come il solare domestico e l'eolico. L'integrazione di sistemi di risposta alla domanda in tempo reale può anche aiutare a bilanciare il carico e ridurre lo spreco di energia, adattando il consumo energetico alle fluttuazioni dell'offerta.

Efficienza Energetica nel Settore Manifatturiero

Nel settore manifatturiero, l'efficienza energetica può essere notevolmente migliorata attraverso la revisione e l'ottimizzazione delle catene di montaggio. L'applicazione di principi di produzione snella che riducono gli sprechi energetici, l'adozione di robotica avanzata e automazione, e l'utilizzo di sensori per monitorare e regolare il consumo energetico in tempo reale sono tutte strategie che possono contribuire a un significativo risparmio energetico.

Tecnologie Emergenti e Sviluppo Sostenibile

Le nuove tecnologie emergenti, come i nanomateriali o i materiali avanzati con proprietà isolanti superiori o la capacità di riflettere più luce solare, possono rivoluzionare non solo l'industria energetica ma anche il settore dell'edilizia e oltre. Lo sviluppo e l'impiego di queste tecnologie richiedono un investimento in ricerca e sviluppo, così come una collaborazione tra università, centri di ricerca, industrie e governi.

Strategie di Mobilità Urbana

Le strategie di mobilità urbana rappresentano un'altra area cruciale per l'efficienza energetica. Promuovere la mobilità urbana sostenibile attraverso la progettazione di città più compatte e connessi, che incoraggiano l'uso di mezzi pubblici efficienti, biciclette e camminate, può ridurre significativamente il consumo energetico legato ai trasporti. La pianificazione urbana che integra queste modalità di trasporto può contribuire a creare ambienti urbani più vivibili e energeticamente efficienti.

Programmi di Incentivazione e Supporto Governativo

Per incentivare l'adozione di pratiche di efficienza energetica, i governi possono implementare una varietà di programmi di incentivi, come sgravi fiscali per le ristrutturazioni che migliorano l'efficienza energetica delle abitazioni o bonus per le imprese che riducono il loro consumo energetico. Inoltre, i programmi di finanziamento a tasso agevolato possono aiutare sia le piccole che le grandi aziende a investire in tecnologie energetiche efficienti.

Misurazione e Verifica dell'Efficienza Energetica

Implementare sistemi rigorosi di misurazione e verifica può aiutare a monitorare l'efficacia delle politiche di efficienza energetica. Questi sistemi non solo forniscono dati preziosi sull'effettivo risparmio energetico ottenuto ma anche informazioni vitali per l'aggiustamento delle politiche e delle pratiche per massimizzare l'efficienza.

Collaborazione Internazionale e Scambio di Best Practices

La collaborazione internazionale è essenziale per accelerare l'adozione globale delle pratiche di efficienza energetica. Lo scambio di best practices, esperienze e tecnologie tra paesi può aiutare a superare gli ostacoli tecnici e normativi e a implementare soluzioni più efficaci e innovative su scala mondiale.

Proseguendo in questa esplorazione dettagliata, diventa evidente che promuovere l'efficienza energetica richiede un approccio multifaccettato che coinvolga innovazioni tecnologiche, politiche informate, cambiamenti comportamentali e un forte sostegno da parte delle politiche pubbliche. Questi sforzi congiunti possono contribuire significativamente alla riduzione delle emissioni di gas serra, al miglioramento della sicurezza energetica e alla promozione di uno sviluppo sostenibile su scala globale.

Continuando l'analisi delle pratiche per promuovere l'efficienza energetica, esaminiamo ulteriori aspetti e strategie che possono contribuire a una gestione più sostenibile dell'energia nei diversi settori della società.

Valorizzazione dell'Energia da Fonti Residue

Innovare nell'uso dell'energia residua può offrire significative opportunità di miglioramento dell'efficienza energetica. Ad esempio, l'implementazione di sistemi di cogenerazione che producono sia calore che energia elettrica da una singola fonte di energia può aumentare notevolmente l'efficienza energetica delle fabbriche, degli ospedali e degli edifici commerciali. Similmente, l'utilizzo di pompe di calore che sfruttano il calore ambientale da aria, acqua o terra può migliorare l'efficienza del riscaldamento e del raffreddamento in edilizia residenziale e commerciale.

Sistemi di Illuminazione Intelligente

L'adozione di sistemi di illuminazione intelligente attraverso sensori di movimento, regolazione di intensità e timer può ridurre drasticamente il consumo di energia negli edifici. Questi sistemi possono automaticamente spegnere o ridurre l'illuminazione in aree non utilizzate, o adattare l'illuminazione in base alla luce naturale disponibile, migliorando notevolmente l'efficienza energetica senza sacrificare il comfort.

Rete di Sensori e IoT

L'integrazione di sensori e tecnologie Internet of Things (IoT) negli edifici e nei sistemi di produzione può offrire una gestione dell'energia altamente ottimizzata. Questi dispositivi possono raccogliere dati in tempo reale sul consumo energetico e sull'efficienza operativa, permettendo agli operatori di identificare perdite di energia, inefficienze e aree di miglioramento. L'analisi di questi dati può guidare decisioni informate che riducono i costi energetici e aumentano la sostenibilità operativa.

Mobilità Elettrica

Incentivare la transizione verso la mobilità elettrica non solo nei trasporti privati ma anche nei sistemi di trasporto pubblico può ridurre significativamente la dipendenza dai combustibili fossili. L'implementazione di infrastrutture di ricarica ampie e accessibili, insieme a incentivi fiscali per l'acquisto di veicoli elettrici, può accelerare questa transizione, migliorando la qualità dell'aria urbana e riducendo l'impronta di carbonio del settore dei trasporti.

Certificazioni Verdi e Standardizzazione

Promuovere e adottare standard di certificazione verde, come LEED o BREEAM, per gli edifici nuovi e ristrutturati può guidare il mercato verso pratiche di costruzione sostenibile che incorporano l'efficienza energetica fin dalla progettazione. Questi standard non solo considerano l'isolamento e l'efficienza degli apparecchi, ma anche l'uso di materiali sostenibili e il design generale dell'edificio per massimizzare la sostenibilità.

Formazione e Consulenza

Fornire formazione continua e consulenza agli operatori di edifici commerciali, agli sviluppatori immobiliari, ai produttori industriali e ai proprietari di abitazioni può aumentare la consapevolezza e la capacità di implementare soluzioni di efficienza energetica. Workshop, webinar e materiale educativo possono equipaggiare questi attori con le conoscenze e gli strumenti necessari per fare scelte energetiche informate.

Partnership Pubblico-Private

Favorire le partnership tra il settore pubblico e quello privato può accelerare l'adozione di tecnologie e pratiche di efficienza energetica. Attraverso incentivi, finanziamenti condivisi, progetti pilota e iniziative di ricerca congiunta, queste partnership possono sviluppare e dimostrare l'efficacia di nuove soluzioni, rendendole più accessibili e accettabili per un pubblico più ampio.

Analisi Costi-Benefici

Infine, effettuare analisi costi-benefici dettagliate per progetti di efficienza energetica può aiutare le organizzazioni e le autorità a comprendere meglio i risparmi a lungo termine derivanti da investimenti iniziali in efficienza energetica. Queste analisi possono sottolineare come l'efficienza energetica non solo riduce l'impatto ambientale, ma offre anche vantaggi economici significativi attraverso la riduzione delle bollette energetiche e la diminuzione delle emissioni di carbonio.

Questi sforzi combinati in tecnologia, politica, educazione e collaborazione sono essenziali per promuovere un uso dell'energia più efficiente e sostenibile a livello globale, contribuendo a formare un futuro energetico più resiliente e responsabile.

Concludendo, promuovere l'efficienza energetica attraverso vari settori è essenziale non solo per ridurre le emissioni di gas serra e combattere il cambiamento climatico, ma anche per ottimizzare l'uso delle risorse energetiche, ridurre i costi operativi e migliorare la sostenibilità economica globale. Un approccio integrato e multidisciplinare che coinvolge tecnologia, regolamentazione, comportamento umano e cooperazione internazionale è cruciale per il successo di queste iniziative.

Implementazione di Tecnologie Avanzate

La tecnologia gioca un ruolo chiave nell'efficienza energetica, dall'uso di materiali avanzati e sensori intelligenti fino alla robotica e all'automazione che ottimizzano i consumi energetici in settori come l'industria e l'edilizia. L'innovazione continua è fondamentale per sviluppare soluzioni che rispondano alle esigenze di un mondo energetico in rapida evoluzione.

Normative e Incentivi

Le politiche governative devono sostenere l'efficienza energetica attraverso normative che stabiliscano standard minimi e incentivi che promuovano l'adozione di tecnologie e pratiche efficienti. Questo può includere sgravi fiscali, sovvenzioni, tariffe agevolate per l'energia rinnovabile e piani di finanziamento che aiutano le aziende e i consumatori a investire in soluzioni più efficienti.

Educazione e Sensibilizzazione

L'educazione è fondamentale per cambiare i comportamenti relativi al consumo energetico. Programmi educativi che iniziano nelle scuole e continuano attraverso la formazione professionale possono preparare individui e aziende a comprendere e implementare pratiche di efficienza energetica. Campagne di sensibilizzazione pubblica possono anche giocare un ruolo significativo nel modificare le abitudini quotidiane a favore di scelte più sostenibili.

Integrazione di Sistemi di Trasporto Efficiente

Nel settore dei trasporti, promuovere l'uso di veicoli elettrici, migliorare l'efficienza del carburante dei veicoli esistenti e sviluppare infrastrutture di trasporto pubblico efficienti sono passaggi critici per ridurre l'energia consumata dai sistemi di trasporto. La pianificazione urbana che favorisce la mobilità a basso impatto energetico, come la bicicletta e la camminata, è altrettanto importante.

Cooperazione Internazionale

La collaborazione tra paesi può accelerare il progresso nell'efficienza energetica condividendo conoscenze, risorse e tecnologie. Gli accordi internazionali possono facilitare l'adozione di standard di efficienza energetica globali e promuovere investimenti in ricerca e sviluppo che beneficino a più nazioni.

Valutazione e Monitoraggio Continuo

Implementare sistemi di monitoraggio e valutazione robusti aiuta a tracciare i progressi, valutare l'efficacia delle politiche e delle tecnologie e fare aggiustamenti basati sui dati. Questo feedback continuo è vitale per migliorare costantemente le strategie di efficienza energetica.

In sintesi, l'efficienza energetica richiede un impegno sostenuto da parte di tutti i settori della società, inclusi governi, imprese, comunità e individui. Ogni azione conta e contribuisce a un sistema energetico più resiliente e sostenibile. Attraverso la combinazione di politiche mirate, innovazione tecnologica, pratiche sostenibili e collaborazione internazionale, possiamo ottenere significativi miglioramenti nell'efficienza energetica, garantendo un futuro più sicuro e prospero per le generazioni a venire.

11. Riduzione delle emissioni: Strategie per ridurre le emissioni di gas serra attraverso l'innovazione tecnologica e la regolamentazione.

Ridurre le emissioni di gas serra è cruciale per mitigare gli impatti del cambiamento climatico. Questo obiettivo può essere raggiunto attraverso una combinazione di innovazione tecnologica e regolamentazione efficace. Le strategie per ridurre le emissioni variano significativamente a seconda del settore, ma qui esploriamo alcuni approcci fondamentali che possono essere applicati in vari contesti.

Innovazione Tecnologica

1. **Energie Rinnovabili**: Incrementare l'uso di fonti di energia rinnovabile come il solare, l'eolico, l'idroelettrico e il geotermico riduce la dipendenza dai combustibili fossili. Innovazioni nei materiali e nelle tecnologie di conversione

energetica stanno rendendo queste fonti sempre più efficienti ed economicamente vantaggiose.

2. **Tecnologie di Cattura e Stoccaggio del Carbonio (CCS)**: Sviluppare e implementare tecnologie CCS che catturano il CO_2 direttamente dalle fonti industriali e dalle centrali elettriche e lo sequestrano in depositi geologici sicuri. Questo può essere particolarmente utile in settori difficili da decarbonizzare, come la produzione di cemento e acciaio.

3. **Efficienza Energetica**: Migliorare l'efficienza energetica in tutti i settori, dagli elettrodomestici e l'illuminazione agli impianti industriali, può ridurre significativamente le emissioni di gas serra. Le tecnologie come i sistemi di gestione dell'energia basati su AI e la domotica possono ottimizzare l'uso dell'energia e minimizzare gli sprechi.

4. **Veicoli Elettrici e Tecnologie per il Trasporto Pulito**: Accelerare la transizione verso i veicoli elettrici e sviluppare ulteriormente tecnologie per carburanti alternativi come l'idrogeno e i biocarburanti per il trasporto pubblico e il trasporto pesante può ridurre drasticamente le emissioni nel settore dei trasporti.

Regolamentazione

1. **Impostazione di Standard di Emissioni**: Impostare standard di emissione rigorosi per le industrie e i veicoli può spingere le aziende a investire in tecnologie più pulite e efficienti. Questi standard possono essere graduati nel tempo per permettere un adeguamento industriale senza compromettere la crescita economica.

2. **Tassazione del Carbonio e Schemi di Scambio di Emissioni**: Introdurre una tassazione del carbonio che impone un costo per tonnellata di CO2 emessa può incentivare le aziende a ridurre le emissioni. Allo stesso modo, i sistemi di scambio di emissioni consentono alle aziende di comprare e vendere diritti di emissione, promuovendo investimenti in tecnologie pulite e punendo le pratiche più inquinanti.

3. **Incentivi per Ricerca e Sviluppo**: Fornire incentivi fiscali e sovvenzioni per la ricerca e lo sviluppo in tecnologie a basso contenuto di carbonio può accelerare l'innovazione e la commercializzazione di soluzioni sostenibili.

4. **Regolamenti per l'Energia Pulita**: Creare quadri normativi che supportino l'adozione di energia rinnovabile attraverso mandati e obiettivi di quota energetica rinnovabile. Questi possono

includere obblighi per le utilities di produrre una certa percentuale di energia da fonti rinnovabili.

Coinvolgimento Globale e Cooperazione

1. **Accordi Internazionali**: Partecipare attivamente in accordi internazionali come l'Accordo di Parigi, impegnandosi a obiettivi nazionali di riduzione delle emissioni e aumentando la trasparenza attraverso la condivisione di progressi e tecnologie.

2. **Collaborazione Pubblico-Privata**: Incoraggiare le partnership tra il governo e il settore privato per finanziare e pilotare tecnologie innovative di riduzione delle emissioni. Questo può includere la costruzione di infrastrutture di supporto per tecnologie pulite come stazioni di ricarica per veicoli elettrici o impianti di cattura del carbonio.

In conclusione, ridurre le emissioni di gas serra richiede un impegno collettivo e l'implementazione di una varietà di strategie tecnologiche e regolamentari. Con un approccio coordinato che combina innovazione, regolamentazione, e cooperazione internazionale, possiamo compiere progressi significativi verso la riduzione dell'impatto del cambiamento climatico.

Mentre proseguiamo nell'esplorare strategie efficaci per la riduzione delle emissioni di gas serra, è fondamentale considerare ulteriori iniziative e metodologie che possono essere integrate a livello globale per affrontare questa sfida urgente.

Decarbonizzazione dell'Industria Pesante

Le industrie pesanti, come quelle siderurgiche, chimiche e del cemento, sono tra le più grandi emettitrici di CO_2. L'innovazione in processi industriali che riducono l'intensità di carbonio attraverso l'uso di materiali alternativi o tecnologie avanzate di riduzione delle emissioni è cruciale. Ad esempio, l'utilizzo di acciaio prodotto con tecnologie basate sull'idrogeno piuttosto che sul carbone può significativamente abbattere le emissioni di CO_2.

Bioenergia con Cattura e Sequestro del Carbonio (BECCS)

L'implementazione di tecnologie come la Bioenergia con Cattura e Sequestro del Carbonio (BECCS) offre una via promettente per ridurre le emissioni attraverso l'uso di biomasse per catturare il carbonio durante la produzione di energia, con il successivo sequestro del carbonio. Questa tecnologia, se implementata su larga scala, potrebbe non solo produrre energia rinnovabile ma anche ridurre l'anidride carbonica atmosferica, contribuendo effettivamente a un bilancio negativo di carbonio.

Sviluppo di Infrastrutture Verdi

Le infrastrutture verdi, come i parchi eolici offshore e i grandi impianti solari, necessitano di piani di sviluppo che minimizzino l'impatto ambientale e massimizzino l'efficienza energetica. La pianificazione deve considerare la biodiversità locale e l'integrità ecologica, assicurando che queste infrastrutture non solo generino energia pulita ma promuovano anche un ambiente sostenibile.

Mobilità Urbana Sostenibile

Ridurre le emissioni nel settore dei trasporti non si limita al passaggio a veicoli elettrici; include anche la promozione di una mobilità urbana sostenibile. Ciò significa migliorare l'accessibilità e l'efficienza del trasporto pubblico, promuovere le infrastrutture per biciclette e pedoni, e sviluppare politiche urbane che riducano la necessità di viaggi lunghi attraverso una pianificazione intelligente della città e una migliore distribuzione di risorse e servizi.

Politiche di Pricing del Carbonio

Implementare politiche di pricing del carbonio più rigorose a livello globale può essere un forte deterrente per le emissioni. Questo può includere non solo tasse sul carbonio, ma anche schemi di scambio di quote di emissione che promuovano una riduzione costante e misurabile delle emissioni attraverso incentivi economici.

Innovazione nel Settore Agricolo

L'agricoltura è un altro settore chiave per le strategie di riduzione delle emissioni. Innovazioni che promuovano pratiche agricole sostenibili e riducano l'uso di fertilizzanti ad alto contenuto di azoto possono diminuire le emissioni di gas serra come il protossido di azoto, che ha un potenziale di riscaldamento globale molto più alto del CO2. Tecniche come l'agricoltura di precisione, l'uso di biocarburanti e l'agroforestazione possono integrare la sostenibilità con la produttività agricola.

Coinvolgimento della Comunità e Educazione

Infine, il coinvolgimento della comunità e l'educazione giocano un ruolo cruciale nell'adozione e nel sostegno a lungo termine delle politiche di riduzione delle emissioni. Sensibilizzare il pubblico sui cambiamenti climatici, sui suoi impatti e sulle azioni individuali che possono contribuire alla riduzione delle emissioni è essenziale. Programmi educativi e campagne di sensibilizzazione possono motivare comportamenti sostenibili e supportare politiche pubbliche che promuovono la riduzione delle emissioni a tutti i livelli.

Proseguendo in questa analisi dettagliata, diventa evidente che affrontare efficacemente le emissioni di gas serra richiede un approccio globale, multidimensionale e integrato. Le strategie devono spaziare dall'innovazione tecnologica alla regolamentazione, dalla politica globale al coinvolgimento locale, con un impegno continuo per sviluppare soluzioni che rispondano alle sfide sia attuali che future del cambiamento climatico.

Approfondendo ulteriormente le strategie per la riduzione delle emissioni di gas serra, possiamo esplorare altre iniziative innovative e metodi per integrare ancora di più queste pratiche nei diversi aspetti della vita sociale ed economica.

Energia Nucleare

Anche se a volte controversa, l'energia nucleare rappresenta una fonte di energia a basso tenore di carbonio che può giocare un ruolo cruciale nella riduzione delle emissioni di gas serra. Lo sviluppo di reattori nucleari di nuova generazione, che promettono di essere più sicuri e più efficienti, potrebbe fornire una quantità significativa di energia pulita. L'innovazione continua nel settore nucleare, inclusa la ricerca su reattori a fusione, potrebbe offrire soluzioni sostenibili a lungo termine con un impatto ambientale minore rispetto ai reattori tradizionali.

Utilizzo di Microalghe

Le microalghe sono state studiate per la loro capacità di catturare e sequestrare il carbonio in modo efficace. Questi organismi possono crescere rapidamente e assorbire CO_2, offrendo una soluzione potenzialmente sostenibile per ridurre le emissioni. Inoltre, le microalghe possono essere utilizzate per produrre biocarburanti, sostanze nutritive e altri prodotti biologici, offrendo così un approccio circolare che non solo riduce il carbonio ma contribuisce anche all'economia verde.

Standardizzazione Globale delle Misurazioni delle Emissioni

Per gestire efficacemente le riduzioni delle emissioni, è essenziale avere un sistema standardizzato globale per la misurazione e la verifica delle emissioni di gas serra. Tale standardizzazione può facilitare la comparazione e la valutazione delle prestazioni ambientali tra nazioni e settori, promuovendo una maggiore trasparenza e accountability. Inoltre, può aiutare a garantire che tutte le parti siano giudicate equamente e che le migliori pratiche possano essere condivise più efficacemente a livello internazionale.

Economia Circolare

Promuovere l'economia circolare può ridurre significativamente le emissioni di gas serra. Questo approccio enfatizza la riduzione, il riutilizzo e il riciclo dei materiali in tutti i settori dell'economia. Implementando principi di design circolare, le aziende possono minimizzare i rifiuti e l'uso di materiali vergini, riducendo così le emissioni associate alla produzione, al trasporto e allo smaltimento. Questa strategia non solo migliora l'efficienza delle risorse ma sostiene anche l'innovazione in nuovi modelli di business e strategie di produzione.

Green Banking e Finanza

L'integrazione di considerazioni climatiche e di sostenibilità nelle decisioni di investimento e nei prodotti finanziari può avere un impatto significativo sulla riduzione delle emissioni. I prodotti di green banking, come i prestiti verdi e i bond climatici, possono dirigere il capitale verso progetti che supportano la decarbonizzazione. Inoltre, l'adozione di criteri di reporting ambientale, sociale e di governance (ESG) da parte delle istituzioni finanziarie può spingere le aziende a adottare pratiche più sostenibili.

Politiche Urbane e Regionali

Le città e le regioni possono essere leader nella riduzione delle emissioni attraverso politiche mirate. Questo include lo sviluppo di infrastrutture verdi, l'implementazione di regolamenti edilizi che richiedono o incentivano costruzioni sostenibili, e la creazione di zone a basse emissioni dove il traffico dei veicoli più inquinanti è limitato. Le politiche urbane possono anche promuovere l'uso di energia rinnovabile a livello locale, come pannelli solari sui tetti e sistemi di riscaldamento geotermico per gli edifici.

Collaborazione Settoriale

Infine, promuovere la collaborazione tra diversi settori è essenziale per una riduzione efficace delle emissioni. Settori come la tecnologia, l'energia, il manifatturiero, i trasporti e il costruttivo possono lavorare insieme per condividere conoscenze, tecnologie e strategie che facilitano la transizione verso un'economia a basse emissioni di carbonio. Questo tipo di cooperazione può accelerare l'adozione di migliori pratiche e tecnologie innovative attraverso diversi settori e mercati.

Continuare a esplorare e implementare queste e altre strategie in un contesto globale coordinato e integrato è essenziale per raggiungere gli obiettivi di riduzione delle emissioni di gas serra e per mitigare gli effetti del cambiamento climatico su scala mondiale.

Concludendo, affrontare le emissioni di gas serra richiede un approccio integrato e multifacettato che combina innovazione tecnologica con politiche regolamentari efficaci e iniziative globali. È essenziale unire gli sforzi di diversi settori e comunità per implementare strategie che possano portare a significative riduzioni delle emissioni. Di seguito, dettagliamo come queste strategie possono essere attuate per raggiungere l'obiettivo di un futuro a basse emissioni.

Ampliamento dell'Uso delle Energie Rinnovabili

Per ridurre la dipendenza dai combustibili fossili, è cruciale espandere l'uso di fonti di energia rinnovabile come il solare, l'eolico, l'idroelettrico e il geotermico. Gli investimenti in queste tecnologie devono essere accompagnati da politiche che facilitino la loro integrazione nei sistemi energetici nazionali, come incentivi fiscali, sussidi, e supporto per la ricerca e lo sviluppo.

Implementazione di Tecnologie di Cattura del Carbonio

Le tecnologie di cattura e sequestro del carbonio (CCS) devono essere sviluppate e implementate su larga scala, particolarmente in settori ad alta emissione come l'industria pesante e la produzione di energia. Questo richiede politiche che promuovano la ricerca e l'applicazione pratica di CCS, oltre a meccanismi di finanziamento che rendano queste tecnologie economicamente viable.

Standard di Efficienza Energetica e Regolamentazioni Ambientali

Gli standard di efficienza energetica per apparecchiature e veicoli possono guidare i produttori a creare prodotti che utilizzino meno energia e emettano meno inquinanti. Questi standard devono essere rigorosi e progressivamente aggiornati per riflettere le innovazioni tecnologiche. Allo stesso modo, le regolamentazioni ambientali che limitano le emissioni dirette di gas serra dalle fabbriche e dagli impianti di produzione energetica sono essenziali.

Promozione di Pratiche Agricole Sostenibili

L'agricoltura è una fonte significativa di metano e altri gas serra. Promuovere pratiche agricole sostenibili che riducano l'uso di fertilizzanti chimici, migliorino la gestione del bestiame e conservino le risorse naturali può ridurre notevolmente le emissioni da questo settore. Questo può essere facilitato attraverso incentivi per l'agricoltura biologica e regenerative, così come il supporto per la transizione verso metodi di coltivazione più sostenibili.

Educazione e Sensibilizzazione

Educare e sensibilizzare il pubblico sulle cause e gli impatti del cambiamento climatico e sulle azioni individuali e collettive che possono ridurre le emissioni è fondamentale. Programmi educativi nelle scuole, campagne di informazione pubblica, e iniziative comunitarie possono giocare un ruolo cruciale nel cambiare comportamenti e promuovere una cultura della sostenibilità.

Cooperazione Internazionale

La lotta contro il cambiamento climatico è una sfida globale che richiede una risposta globale. La cooperazione internazionale attraverso accordi come l'Accordo di Parigi, conferenze sul clima delle Nazioni Unite, e iniziative transnazionali possono facilitare lo scambio di tecnologie, strategie, e risorse finanziarie. Questa collaborazione può aiutare a garantire che tutte le nazioni, specialmente quelle in via di sviluppo, abbiano le capacità di contribuire efficacemente alla riduzione delle emissioni globali.

In sintesi, ridurre le emissioni di gas serra è un obiettivo complesso che richiede un impegno congiunto e sostenuto da parte di governi, industrie, comunità e individui a livello mondiale. Attraverso l'innovazione continua, l'attuazione di politiche informate, e la cooperazione internazionale, possiamo sperare di raggiungere gli obiettivi climatici globali e salvaguardare il nostro ambiente per le future generazioni.

12. Rimboschimento e gestione delle foreste: L'importanza delle foreste nel sequestrare CO2 e come possiamo proteggere e ripristinare questi ecosistemi.

Le foreste svolgono un ruolo cruciale nel bilancio del carbonio globale e sono essenziali per mitigare i cambiamenti climatici. La loro capacità di assorbire anidride carbonica dall'atmosfera mentre rilasciano ossigeno, unitamente alla loro biodiversità, le rende fondamentali non solo per la regolazione del clima ma anche per sostenere ecosistemi complessi. Di seguito, esaminiamo l'importanza delle foreste nel sequestrare CO2 e come possiamo proteggere, gestire e ripristinare questi preziosi ecosistemi.

Sequestro del Carbonio

Le foreste assorbono significative quantità di CO2 attraverso il processo di fotosintesi. Gli alberi e la vegetazione forestale utilizzano CO2, acqua e luce solare per produrre glucosio e ossigeno, con il carbonio immagazzinato nel legno, nelle radici e nel fogliame. Questo rende le foreste dei potenti serbatoi di carbonio, o "carbon sinks", che possono aiutare a ridurre la concentrazione di gas serra nell'atmosfera.

Protezione delle Foreste Esistenti

La protezione delle foreste esistenti è probabilmente l'approccio più efficace e immediato per mantenere il loro ruolo nel sequestro del carbonio. Prevenire la deforestazione è fondamentale, dato che la perdita di copertura forestale non solo rilascia il carbonio immagazzinato negli alberi ma elimina anche la capacità futura di sequestrare CO_2. Le politiche di conservazione, le aree protette, la legislazione contro il disboscamento illegale e l'integrazione delle comunità locali nella gestione delle risorse forestali sono tutte strategie vitali per proteggere le foreste esistenti.

Rimboschimento e Riforestazione

Il rimboschimento, o il ripristino delle aree forestali che sono state degradate o completamente deforestate, e la riforestazione, ovvero la piantumazione di alberi in aree dove la copertura forestale non è stata storicamente presente, sono entrambi processi importanti per aumentare la copertura forestale globale. Questi sforzi non solo aumentano il sequestro di carbonio, ma ripristinano anche l'habitat per la fauna selvatica, migliorano la qualità del suolo e dell'acqua, e possono fornire benefici economici attraverso la silvicoltura sostenibile e il turismo ecologico.

Gestione Forestale Sostenibile

La gestione forestale sostenibile mira a mantenere e migliorare la biodiversità forestale, la produttività e la capacità di rigenerazione. Questo può includere pratiche come il controllo selettivo del taglio, la gestione del sottobosco, la protezione contro gli incendi e la prevenzione delle malattie. Tali pratiche non solo aiutano a preservare le foreste come serbatoi di carbonio, ma assicurano anche che continuino a fornire risorse e servizi ecologici essenziali.

Incentivi Economici e Finanziari

Incorporare incentivi economici per la conservazione delle foreste e le pratiche di riforestazione può motivare sia i governi locali che le comunità a partecipare attivamente alla gestione forestale. Schemi come il REDD+ (Riduzione delle Emissioni da Deforestazione e Degradazione Forestale), che offre compensazioni finanziarie per i progetti che riducono la deforestazione, sono esempi di come il finanziamento internazionale può supportare direttamente gli sforzi di conservazione forestale.

Educazione e Sensibilizzazione

Infine, l'educazione e la sensibilizzazione su larga scala sono essenziali per promuovere l'importanza delle foreste. Programmi educativi che informano su come le foreste influenzino il clima globale e sulle pratiche quotidiane che possono contribuire alla loro protezione sono cruciali per costruire un supporto pubblico a lungo termine per la conservazione delle foreste.

In conclusione, le foreste sono essenziali non solo per il sequestro del carbonio ma anche per il mantenimento della biodiversità e la regolazione degli ecosistemi. Proteggere, gestire e ripristinare le foreste sono azioni vitali che richiedono un impegno globale e coordinato, supportato da politiche, incentivi finanziari, educazione e ricerca continua. Attraverso questi sforzi congiunti, possiamo garantire che le foreste continuino a svolgere il loro ruolo critico nel sistema climatico terrestre e nel sostentamento delle comunità umane e della fauna selvatica a livello mondiale.

Espandendo ulteriormente l'importanza delle foreste nel contesto del sequestro di carbonio e delle strategie per la loro conservazione e restauro, possiamo esplorare approcci innovativi e pratiche emergenti che potenziano l'efficacia di queste iniziative vitali.

Utilizzo di Tecnologia Avanzata per il Monitoraggio delle Foreste

L'impiego di tecnologie avanzate come i droni, i satelliti e i sensori remoti può rivoluzionare il monitoraggio delle foreste. Questi strumenti permettono di raccogliere dati accurati sulla copertura forestale, sulle variazioni della biomassa e sui tassi di deforestazione in tempo reale. Il monitoraggio avanzato aiuta non solo a identificare le aree a rischio di deforestazione ma anche a valutare l'efficacia delle politiche di conservazione e le pratiche di gestione sostenibile.

Biologia Sintetica e Genetica Forestale

La ricerca in biologia sintetica e genetica può offrire
nuove vie per migliorare la resilienza delle foreste ai
cambiamenti climatici. Modificare geneticamente
alcune specie di alberi per renderli più resistenti a
malattie, parassiti e estremi climatici potrebbe aiutare
a preservare la biodiversità forestale e migliorare il loro
potenziale di sequestro del carbonio. Tuttavia, tali
approcci devono essere gestiti con cautela per evitare
impatti non intenzionali sugli ecosistemi forestali.

Strategie Agroforestali

L'agroforestazione, che integra gli alberi e la
vegetazione arbustiva nelle pratiche agricole,
rappresenta un approccio efficace per migliorare la
sostenibilità agricola mentre si aumenta il sequestro di
carbonio. Queste pratiche non solo aiutano a
conservare e ripristinare le foreste ma anche a
migliorare la qualità del suolo, la gestione dell'acqua e
la biodiversità, creando un sistema agricolo più
resiliente e produttivo.

Politiche di Inclusione delle Comunità Locali

Le comunità locali spesso dipendono direttamente
dalle foreste per i loro mezzi di sussistenza. Includere
queste comunità nella pianificazione e nell'attuazione
delle strategie di conservazione può migliorare
l'efficacia di tali programmi. Le politiche che
supportano i diritti delle comunità indigene e locali
all'uso delle risorse forestali, insieme alla condivisione

dei benefici derivanti dalla conservazione, possono promuovere una gestione sostenibile e equa delle foreste.

Sviluppo di Corridoi Ecologici

La creazione di corridoi ecologici che collegano diverse aree protette può facilitare la migrazione della fauna selvatica e il flusso genetico tra le popolazioni di piante, aumentando la resilienza ecologica delle foreste. Questi corridoi aiutano a prevenire la frammentazione degli habitat, un fattore chiave nella perdita della biodiversità e nella degradazione delle foreste.

Utilizzo di Certificazioni Forestali

Sostegno e promozione delle certificazioni forestali come FSC (Forest Stewardship Council) e PEFC (Programme for the Endorsement of Forest Certification) possono incentivare e verificare la gestione sostenibile delle foreste. Questi schemi di certificazione assicurano che i prodotti legnosi e non legnosi siano prodotti in modo responsabile, promuovendo pratiche di gestione forestale che mantengono o migliorano la salute ambientale delle foreste.

Finanziamenti per la Conservazione delle Foreste

Aumentare i finanziamenti per la conservazione delle foreste è essenziale. Ciò può includere fondi per la ricerca, per l'applicazione delle leggi contro il disboscamento illegale, per il supporto delle comunità locali nella gestione delle risorse forestali e per l'implementazione di progetti di riforestazione e rimboschimento. Fondi adeguati sono cruciali per sostenere questi sforzi su scala globale.

Continuando a esplorare e implementare queste e altre strategie innovative, si può significativamente aumentare la capacità delle foreste di agire come serbatoi di carbonio, oltre a preservare la loro biodiversità e i servizi ecosistemici che forniscono. Questo impegno richiede una collaborazione globale tra governi, settore privato, comunità scientifiche e popolazioni locali, per assicurare un futuro in cui le foreste continuano a beneficiare sia l'ambiente naturale che le società umane su scala mondiale.

Mentre continuiamo ad esplorare l'importanza delle foreste nel sequestrare CO_2 e le strategie per proteggere e ripristinare questi ecosistemi, ci sono ulteriori aspetti e tecniche che meritano considerazione per massimizzare i loro benefici ambientali e sostenibili.

Valorizzazione dei Servizi Ecosistemici

Oltre al sequestro del carbonio, le foreste forniscono una vasta gamma di servizi ecosistemici che includono la regolazione del ciclo dell'acqua, la conservazione della biodiversità, il controllo dell'erosione del suolo e la purificazione dell'aria. Valorizzare economicamente questi servizi può incentivare la conservazione delle foreste. Approcci come i pagamenti per i servizi ecosistemici (PES) permettono ai proprietari terrieri di ricevere compensazioni finanziarie per la gestione delle loro foreste in modi che preservino questi servizi vitali.

Monitoraggio Biodiversità

L'implementazione di sistemi di monitoraggio della biodiversità all'interno delle foreste può aiutare a valutare la salute e la resilienza degli ecosistemi forestali. Tecnologie come il bioacustico, che registra e analizza i suoni dell'ecosistema forestale, possono fornire dati preziosi sulla presenza e sulle variazioni delle specie animali, offrendo un indicatore della biodiversità e della funzionalità ecologica senza intrusione.

Foreste Urbane e Periurbane

Sviluppare e mantenere foreste urbane e periurbane può migliorare significativamente la qualità dell'aria nelle città, riducendo le isole di calore urbano e fornendo spazi verdi per il benessere dei cittadini. Le foreste urbane sono anche efficaci nel sequestrare il carbonio atmosferico, rendendole un componente essenziale delle strategie di mitigazione climatica nelle aree metropolitane.

Tecnologie di Telerilevamento

Il telerilevamento avanzato attraverso satelliti e LiDAR (Light Detection and Ranging) offre strumenti potenti per il monitoraggio continuo delle foreste su larga scala. Queste tecnologie possono rilevare cambiamenti minimi nella copertura forestale, nella densità e nella salute delle foreste, fornendo dati cruciali per le politiche di conservazione e per le risposte rapide alle minacce come il disboscamento illegale e gli incendi forestali.

Coinvolgimento della Comunità Scientifica

La collaborazione con la comunità scientifica per la ricerca continua è fondamentale per comprendere meglio i complessi dinamismi delle foreste e il loro ruolo nel ciclo del carbonio. Studi su come le foreste reagiscono al cambiamento climatico possono aiutare a sviluppare strategie di adattamento e gestione più efficaci.

Sistemi Agroforestali Integrati

Promuovere sistemi agroforestali che integrino alberi, colture e animali in un unico sistema di gestione può offrire benefici sostenibili per l'agricoltura, aumentando al contempo la copertura forestale e la biodiversità. Questi sistemi non solo migliorano la resilienza del suolo e la riduzione delle emissioni di gas serra, ma supportano anche la sicurezza alimentare e creano barriere naturali contro le pesti.

Certificazioni Internazionali

Supportare e promuovere l'adozione di certificazioni internazionali per la gestione forestale sostenibile, come FSC e PEFC, può guidare le pratiche industriali verso una maggiore responsabilità ambientale. Queste certificazioni assicurano che i prodotti forestali provengano da foreste gestite in modo sostenibile, incentivando così le pratiche di gestione che preservano l'ecosistema forestale a lungo termine.

Strategie di Finanziamento Innovativo

Esplorare strategie di finanziamento innovativo per la conservazione delle foreste, come i green bonds o i climatic bonds, che possono fornire le risorse necessarie per progetti su larga scala di conservazione e riforestazione. Questi strumenti finanziari attraggono investitori che cercano opportunità di investimento sostenibile, contribuendo a un flusso costante di capitale per la conservazione forestale.

Continuando a espandere e implementare queste strategie, è possibile non solo preservare le foreste come cruciali serbatoi di carbonio, ma anche valorizzare il loro ruolo multifunzionale nell'ecosistema globale e nella società umana. Questo richiede un impegno concertato e globale per integrare la conservazione delle foreste nelle politiche di sviluppo sostenibile, garantendo che rimangano una risorsa vitale per le future generazioni.

Concludendo, le foreste giocano un ruolo indispensabile non solo nel sequestrare il carbonio atmosferico e mitigare il cambiamento climatico, ma anche nel fornire una serie di servizi ecosistemici essenziali che sostengono la biodiversità, regolano i cicli idrologici, proteggono il suolo e offrono risorse vitali per milioni di persone. Ecco quindi un'analisi dettagliata di come possiamo proteggere e ripristinare questi ecosistemi cruciali attraverso una combinazione di innovazione tecnologica, regolamentazione efficace e collaborazione globale.

Strategie di Conservazione e Gestione Sostenibile

1. **Protezione Legale**: Implementare politiche che stabiliscano aree protette e regolamenti contro la deforestazione illegale. Questo può includere la designazione di parchi nazionali, riserve naturali e altre aree protette che conservano vasti tratti di foresta.

2. **Gestione Forestale Sostenibile**: Adottare pratiche di gestione forestale che equilibrino il prelievo di risorse con la conservazione della salute dell'ecosistema. Ciò può comportare il taglio selettivo, il mantenimento della copertura forestale, la rigenerazione assistita e il controllo delle specie invasive.

Promozione del Rimboschimento e della Riforestazione

1. **Incentivi per la Riforestazione**: Creare incentivi economici per le aziende e i proprietari terrieri per piantare alberi e ripristinare le foreste degradate. Questi incentivi possono includere crediti fiscali, sovvenzioni, o pagamenti per i servizi ecosistemici che le foreste restaurate forniscono.

2. **Tecniche di Rimboschimento Avanzate**: Utilizzare tecniche di rimboschimento che

massimizzino la diversità genetica e la resilienza delle foreste. Questo può includere la selezione di specie native adatte al clima locale e pratiche di piantumazione che favoriscano la salute a lungo termine della foresta.

Innovazione Tecnologica e Ricerca

1. **Monitoraggio Satellitare e Droni**: Utilizzare tecnologie avanzate per monitorare lo stato delle foreste e rilevare la deforestazione in tempo reale. Questi dati possono aiutare a prendere decisioni rapide e informate per la protezione delle foreste.

2. **Ricerca sulla Resistenza al Cambiamento Climatico**: Investire nella ricerca per sviluppare varietà di alberi più resistenti ai cambiamenti climatici, alle malattie e ai parassiti. Questo aiuterà le foreste a adattarsi agli ambienti in cambiamento e a continuare a fornire servizi ecosistemici vitali.

Cooperazione Internazionale e Coinvolgimento Comunitario

1. **Accordi Internazionali**: Partecipare a trattati e accordi internazionali che si focalizzano sulla conservazione delle foreste e sul cambiamento climatico. Questo può includere l'impegno nei programmi REDD+ e in altre iniziative globali che promuovono la gestione sostenibile delle foreste.

2. **Partnership con le Comunità Locali**:
   Coinvolgere attivamente le comunità locali nella
   gestione delle foreste, riconoscendo i loro diritti e
   conoscenze tradizionali. Le comunità che
   dipendono dalle foreste per il loro sostentamento
   sono spesso i migliori custodi di questi
   ecosistemi e possono contribuire
   significativamente alla loro conservazione se
   adeguatamente supportate.

In sintesi, la tutela e il ripristino delle foreste
richiedono un impegno concertato a tutti i livelli della
società, dalla politica internazionale all'azione locale,
dall'innovazione tecnologica alla tradizione, dalla
ricerca scientifica al rispetto e alla valorizzazione delle
conoscenze indigene. Solo attraverso un approccio
olistico e collaborativo possiamo sperare di preservare
e migliorare le foreste del mondo, garantendo che
continuino a beneficiare sia l'ambiente naturale che le
società umane in un futuro sostenibile.

13. Agricoltura sostenibile: Pratiche agricole che
riducono l'impatto ambientale e contribuiscono alla
sicurezza alimentare.

L'agricoltura sostenibile è un approccio che mira a
produrre cibo in maniera che salvaguardi l'ambiente,
supporti la biodiversità e sia economicamente fattibile,
tutto mentre garantisce la sicurezza alimentare. Questo

metodo di coltivazione è vitale per ridurre l'impatto ambientale dell'agricoltura tradizionale e per sostenere le comunità agricole. Di seguito, esploriamo diverse pratiche agricole che incarnano i principi della sostenibilità.

Rotazione delle Colture e Policultura

La rotazione delle colture e la policultura sono pratiche antiche che possono migliorare la fertilità del suolo e ridurre la dipendenza da pesticidi chimici. Queste pratiche implicano l'alternanza di diverse specie di piante su un dato campo in cicli stagionali o annuali. La diversità delle colture aiuta a prevenire l'erosione del suolo e riduce la prevalenza di parassiti e malattie, minimizzando così la necessità di interventi chimici.

Agricoltura di Conservazione

L'agricoltura di conservazione include tecniche come il minimo lavoro del suolo, la copertura permanente del suolo e la rotazione delle colture. Lavorare il suolo il meno possibile riduce l'erosione e mantiene la struttura e la biodiversità del suolo. Utilizzare coperture vegetali, come colture di copertura, aiuta a proteggere il suolo dagli agenti atmosferici, arricchisce la materia organica e fissa l'azoto nell'ambiente.

Gestione Integrata dei Parassiti

La gestione integrata dei parassiti (IPM) combina pratiche biologiche, culturali, fisiche e chimiche per controllare gli insetti, le malattie e le erbe infestanti in modo sostenibile. Questo approccio mira a minimizzare l'uso di pesticidi chimici, optando per soluzioni naturali e sostenibili quando possibile, come l'introduzione di predatori naturali o l'uso di feromoni per disturbare l'accoppiamento dei parassiti.

Sistemi Agroforestali

Integrare alberi e arbusti nelle aree coltivate, pratica nota come agroforestazione, può migliorare la resilienza dei sistemi agricoli. Gli alberi possono migliorare la qualità del suolo, conservare l'acqua e fornire ombra, riducendo la temperatura del suolo e proteggendo le colture sensibili al calore. Inoltre, possono fungere da barriere contro il vento, riducendo l'erosione del suolo.

Agricoltura Biologica

L'agricoltura biologica esclude l'uso di fertilizzanti sintetici, pesticidi, organismi geneticamente modificati e antibiotici nel tentativo di produrre alimenti in modo più naturale. Questo metodo non solo contribuisce alla salute del suolo e all'acqua, ma promuove anche una maggiore biodiversità sia sopra che sotto la superficie del suolo.

Uso Efficiente delle Risorse

Ottimizzare l'uso dell'acqua attraverso sistemi di irrigazione a goccia e la raccolta dell'acqua piovana può ridurre significativamente il consumo di acqua in agricoltura. Allo stesso modo, l'adozione di tecniche precise di fertilizzazione, possibilmente guidate da analisi del suolo e monitoraggio delle colture, può limitare l'impiego eccessivo di fertilizzanti e minimizzare il deflusso e l'inquinamento.

Certificazioni Sostenibili

Supportare e adottare certificazioni per pratiche sostenibili, come il marchio biologico, Fair Trade o Rainforest Alliance, può aiutare i consumatori a fare scelte informate e incoraggiare le pratiche agricole sostenibili su scala più ampia. Queste certificazioni assicurano che i prodotti siano stati prodotti in modo che rispetti certi standard ambientali e sociali.

Formazione e Supporto agli Agricoltori

Fornire formazione e risorse agli agricoltori per adottare pratiche sostenibili è essenziale. Workshop, sovvenzioni, accesso a servizi di consulenza e supporto tecnologico possono equipaggiare gli agricoltori con le conoscenze e gli strumenti necessari per implementare metodi di coltivazione più sostenibili.

In conclusione, l'adozione di pratiche agricole sostenibili è cruciale per ridurre l'impatto ambientale dell'agricoltura e garantire la sicurezza alimentare a lungo termine. Questo richiede un impegno congiunto tra governi, industrie, comunità agricole e consumatori per promuovere un sistema agricolo che sia rispettoso dell'ambiente, economicamente fattibile e socialmente giusto. Con le giuste politiche, incentivi e supporto, possiamo spostare l'agricoltura verso pratiche più sostenibili che beneficino sia il pianeta sia le popolazioni umane.

Mentre continuamo a esplorare il vasto campo dell'agricoltura sostenibile, è cruciale riconoscere e integrare ulteriori approcci e tecnologie che possono aiutare a ridurre ulteriormente l'impatto ambientale dell'agricoltura e aumentare la sua sostenibilità.

Precision Farming

Il precision farming, o agricoltura di precisione, utilizza tecnologie avanzate come il GPS, sensori IoT (Internet of Things), droni e analisi dei dati per ottimizzare l'efficienza del campo e minimizzare l'uso di risorse come acqua, fertilizzanti e pesticidi. Questo approccio consente agli agricoltori di monitorare con precisione e gestire le variazioni microclimatiche nei loro campi e di applicare le pratiche agricole più efficaci in modo specifico e localizzato.

Permacultura

La permacultura è un sistema di principi di design agricolo centrato sull'imitazione delle nozioni e dei modelli osservati in ecosistemi naturali robusti. Essa enfatizza la policultura, il riuso delle risorse naturali, l'integrazione tra piante e animali, e lo sviluppo di sistemi agricoli multi-strato che operano in armonia con l'ambiente naturale. La permacultura non solo aiuta a mantenere l'equilibrio ecologico, ma crea anche ecosistemi agricoli che sono più resilienti alle malattie, alla siccità e ad altri stress ambientali.

Agricoltura Verticale

L'agricoltura verticale utilizza strutture sovrapposte in ambienti controllati come serre o edifici appositamente progettati per coltivare piante a più livelli verticalmente. Questo metodo può aumentare drasticamente la produzione agricola per unità di superficie, riducendo al contempo l'uso del suolo e l'impatto ambientale. L'agricoltura verticale è particolarmente vantaggiosa nelle aree urbane, dove lo spazio è limitato e la domanda di prodotti freschi locali è alta.

Sistemi di Acquaponica e Idroponica

L'acquaponica e l'idroponica sono sistemi che coltivano piante senza suolo. L'acquaponica combina la coltivazione di piante e pesci in un sistema circolatorio integrato, dove i rifiuti dei pesci forniscono un fertilizzante organico per le piante, e le piante a loro volta purificano l'acqua per i pesci. L'idroponica coltiva le piante in soluzioni nutrienti in acqua, riducendo il bisogno di acqua e fertilizzanti rispetto alla coltivazione tradizionale in suolo. Entrambi i sistemi possono essere utilizzati in ambienti chiusi, riducendo il bisogno di pesticidi e permettendo una produzione tutto l'anno in qualsiasi clima.

Biocontrollo

Il biocontrollo impiega organismi naturali o derivati per combattere infestanti e malattie anziché usare prodotti chimici sintetici. Questo può includere l'uso di insetti predatori, funghi che combattono patogeni delle piante o virus specifici che attaccano solo gli insetti nocivi. Il biocontrollo non solo riduce la dipendenza da pesticidi chimici, ma è anche spesso più sicuro per gli agricoltori, i consumatori e gli ecosistemi circostanti.

Gestione Sostenibile delle Risorse Idriche

La gestione sostenibile delle risorse idriche è fondamentale in agricoltura, soprattutto in regioni soggette a stress idrico. Tecniche come l'irrigazione a goccia, la raccolta delle acque piovane, l'uso di varietà di colture tolleranti alla siccità e il riciclaggio delle acque grigie possono contribuire a ridurre il consumo di acqua dolce e a preservare le risorse idriche preziose.

Politiche e Normative di Supporto

Infine, per promuovere pratiche agricole sostenibili su una scala più ampia, è essenziale che le politiche e le normative supportino e incentivino l'adozione di tali pratiche. Ciò può includere sussidi per l'agricoltura sostenibile, normative che limitano l'uso di pesticidi nocivi, e programmi che promuovono la ricerca e lo sviluppo in tecnologie agricole innovative.

Continuare a esplorare e integrare queste pratiche innovative è essenziale per garantire un futuro in cui l'agricoltura non solo nutre la crescente popolazione mondiale ma lo fa in modo che sostenga e arricchisca l'ambiente che tutti condividiamo.

Proseguendo nell'esplorazione delle pratiche agricole sostenibili, esaminiamo ulteriori strategie innovative che possono contribuire significativamente alla riduzione dell'impatto ambientale dell'agricoltura e al miglioramento della sicurezza alimentare globale.

Uso di Cover Crops

L'impiego di cover crops, o colture di copertura, è una tecnica efficace per migliorare la qualità del suolo, prevenire l'erosione e aumentare la biodiversità nel sistema agricolo. Queste colture vengono seminate per coprire il suolo piuttosto che per essere raccolte. Possono fissare l'azoto nell'atmosfera, aumentare la materia organica del suolo, e migliorare la struttura del suolo, rendendolo più resistente all'erosione e alla compattazione.

Tecniche di Pasturazione Rotazionale

La pasturazione rotazionale, dove il bestiame viene spostato tra diversi pascoli per permettere il recupero delle aree pascolate, non solo migliora la salute del suolo e dell'erba, ma riduce anche il sovrappascolo e migliora la salute del bestiame. Questa tecnica può contribuire a sequestrare più carbonio nel suolo, ridurre l'erosione e migliorare la biodiversità locale.

Utilizzo di Fertilizzanti Organici

L'adozione di fertilizzanti organici derivati da compost, letame o altre fonti naturali riduce la dipendenza dai fertilizzanti chimici, che possono essere dannosi per l'ambiente e contribuire all'eutrofizzazione delle vie d'acqua. I fertilizzanti organici rilasciano nutrienti più lentamente, migliorando la salute del suolo a lungo termine e riducendo il rischio di inquinamento da nutrienti.

Sistemi di Consociazione

La consociazione, che implica la coltivazione di diverse specie di piante insieme nello stesso spazio, può aumentare la produttività e ridurre la necessità di pesticidi e fertilizzanti. Questo approccio sfrutta la capacità naturale delle piante di supportarsi a vicenda, per esempio, alcune piante possono respingere i parassiti naturali di altre colture o migliorare la disponibilità di nutrienti nel suolo.

Tecnologie Digitali per l'Agricoltura di Precisione

L'adozione di tecnologie digitali come sensori sul campo, droni e sistemi di gestione dei dati agricoli basati su IA può aiutare gli agricoltori a ottimizzare l'uso delle risorse e monitorare la salute delle colture e del suolo in tempo reale. Questi strumenti possono aiutare a prendere decisioni informate che riducono lo spreco di acqua, fertilizzanti e pesticidi, migliorando al contempo i rendimenti delle colture.

Agricoltura Supportata dalla Comunità (CSA)

L'agricoltura supportata dalla comunità (CSA) è un modello in cui i consumatori acquistano quote di un'azienda agricola locale all'inizio della stagione di crescita e in cambio ricevono una porzione dei prodotti agricoli per tutta la stagione. Questo modello non solo garantisce un mercato sicuro agli agricoltori ma riduce anche il packaging e i trasporti associati alla distribuzione dei prodotti alimentari, diminuendo l'impronta di carbonio.

Promozione della Biodiversità

Integrare la biodiversità in tutte le pratiche agricole è essenziale per mantenere ecosistemi robusti e resilienti. Questo può includere la conservazione o il ripristino di habitat naturali nelle aree agricole, come strisce di fiori selvatici per i pollinatori e zone umide per la gestione delle acque piovane e la biodiversità acquatica.

Formazione e Supporto per gli Agricoltori

Fornire formazione continua e risorse agli agricoltori per implementare pratiche sostenibili è fondamentale. I programmi di formazione possono coprire metodi agricoli sostenibili, uso di tecnologie di precisione, gestione integrata dei parassiti e tecniche di conservazione del suolo e dell'acqua.

Incentivi e Sostegno Normativo

Continuando a esaminare le pratiche agricole sostenibili, è essenziale considerare ulteriori metodi e strategie che possano contribuire a una produzione agricola più rispettosa dell'ambiente e sostenibile a lungo termine.

Sviluppo di Varietà di Piante Resistenti

L'investimento nella ricerca genetica per sviluppare varietà di piante più resistenti alle malattie, agli estremi climatici e agli stress abiotici può ridurre la necessità di interventi chimici come pesticidi e fertilizzanti. Queste piante potrebbero richiedere meno risorse idriche, resistere meglio a temperature estreme o crescere in suoli meno fertili, riducendo l'impronta ambientale dell'agricoltura.

Valorizzazione dei Residui Agricoli

Invece di bruciare i residui agricoli, che è una pratica comune che contribuisce alle emissioni di gas serra, questi possono essere trasformati in compost o utilizzati come biomassa per la produzione di energia. Questo non solo aiuta a ridurre le emissioni ma migliora anche la salute del suolo e riduce la dipendenza dall'energia fossile.

Sistema di Gestione Integrata dell'Acqua Agricola

Implementare sistemi di gestione integrata dell'acqua che raccolgono, conservano e utilizzano in modo efficiente le risorse idriche può significativamente migliorare la sostenibilità dell'irrigazione. La raccolta delle acque piovane, la costruzione di piccoli bacini idrografici e l'uso di tecnologie di irrigazione a goccia o a microaspersione sono esempi di come si possono ridurre i consumi idrici e minimizzare l'erosione e il deflusso del suolo.

Politiche di Sostegno per l'Agricoltura Sostenibile

Le politiche governative possono giocare un ruolo cruciale nel promuovere l'agricoltura sostenibile attraverso incentivi fiscali, sovvenzioni, normative e programmi di supporto. Ad esempio, i sussidi per i contadini che adottano pratiche di agricoltura conservativa o che installano sistemi di energia rinnovabile sulle loro proprietà possono accelerare l'adozione di tali pratiche.

Uso di Strumenti di Simulazione e Modellazione

L'adozione di strumenti di simulazione e modellazione per prevedere gli esiti delle pratiche agricole può aiutare gli agricoltori a ottimizzare l'uso delle risorse e ad adattarsi meglio ai cambiamenti climatici. Questi strumenti possono fornire dati preziosi su quando seminare, irrigare o applicare nutrienti, massimizzando così l'efficienza e riducendo gli sprechi.

Network di Agricoltori e Scambio di Conoscenze

Creare reti tra agricoltori per facilitare lo scambio di conoscenze, tecnologie e pratiche può accelerare la diffusione dell'agricoltura sostenibile. Workshop, fiere agricole e piattaforme online possono servire come punti di incontro per condividere esperienze, sfide e successi, incoraggiando una comunità più collaborativa e informativa.

Valutazione dell'Impatto Ambientale

Incorporare valutazioni regolari dell'impatto ambientale nelle pratiche agricole può aiutare a monitorare e ridurre l'impronta ecologica dell'agricoltura. Queste valutazioni possono coprire aspetti come l'uso dell'acqua, la gestione dei fertilizzanti, la conservazione della biodiversità e l'emissione di gas serra, fornendo feedback essenziali per migliorare continuamente le pratiche agricole.

Promozione del Consumo Locale e Stagionale

Incoraggiare i consumatori a preferire prodotti agricoli locali e stagionali può ridurre la necessità di trasporti a lunga distanza, uno dei maggiori contribuenti alle emissioni di carbonio nell'industria alimentare. Mercati agricoli locali, programmi di cesti alimentari e iniziative di "farm-to-table" sono esempi di come si può supportare l'agricoltura locale e ridurre l'impatto ambientale.

Attraverso l'integrazione e l'implementazione continua di queste e altre strategie innovative, è possibile avanzare verso un modello agricolo che non solo nutre la popolazione mondiale ma lo fa in modo che sostenga e arricchisca l'ambiente naturale. Questo approccio multidimensionale alla sostenibilità agricola è essenziale per garantire la resilienza degli ecosistemi agricoli e la sicurezza alimentare per le generazioni future.

Concludendo, l'adozione di pratiche agricole sostenibili è fondamentale per ridurre l'impatto ambientale dell'agricoltura e garantire la sicurezza alimentare a lungo termine. Le seguenti strategie possono essere implementate per realizzare un sistema agricolo più rispettoso dell'ambiente, produttivo ed economicamente sostenibile:

Adozione di Pratiche di Coltivazione Conservativa

Le tecniche come la rotazione delle colture, l'agricoltura di conservazione e la policultura non solo mantengono la salute del suolo ma aumentano anche la biodiversità e riducono la necessità di input chimici. Queste pratiche aiutano a preservare l'ambiente e migliorare la resa delle colture, facendo dell'agricoltura un sistema più sostenibile.

Integrazione dell'Agroecologia e della Permacultura

L'agroecologia e la permacultura enfatizzano l'integrazione degli ecosistemi naturali con le pratiche agricole. Questi approcci non solo aumentano la resilienza delle fattorie agli shock ambientali ma anche promuovono la sostenibilità a lungo termine delle risorse agricole.

Utilizzo Efficiente delle Risorse

L'impiego di sistemi di irrigazione a goccia, la raccolta delle acque piovane e l'adozione dell'agricoltura di precisione sono essenziali per massimizzare l'efficienza delle risorse. Queste tecnologie riducono il consumo di acqua e energia e minimizzano l'impatto ambientale dell'agricoltura.

Sviluppo e Promozione di Tecnologie Sostenibili

Investire in ricerca e sviluppo per migliorare le tecnologie agricole sostenibili può portare a innovazioni significative che riducono l'impronta ecologica dell'agricoltura. Dalla biotecnologia alla genetica delle piante, queste innovazioni possono aiutare a produrre varietà di colture più resilienti e meno dipendenti da input chimici.

Supporto Normativo e Incentivi

Le politiche governative devono supportare l'agricoltura sostenibile attraverso incentivi, sovvenzioni e regolamenti che promuovano pratiche di coltivazione rispettose dell'ambiente. Questi possono includere sussidi per l'adozione di tecnologie sostenibili, tassazione differenziata per i prodotti agricoli sostenibili e normative che favoriscano una gestione ambientale responsabile.

Educazione e Formazione

Formare gli agricoltori sulle pratiche sostenibili e fornire l'accesso a risorse educative può facilitare la transizione verso un'agricoltura più sostenibile. L'educazione continua aiuta gli agricoltori a rimanere aggiornati sulle ultime tecniche e tecnologie, potenziando la loro capacità di gestire le fattorie in modo efficace e sostenibile.

Coinvolgimento della Comunità e Condivisione delle Conoscenze

Creare una comunità di pratica tra gli agricoltori può promuovere la condivisione di conoscenze e migliori pratiche. Le reti di agricoltori possono facilitare il supporto reciproco, l'innovazione condivisa e la diffusione di tecnologie sostenibili attraverso workshop, dimostrazioni sul campo e piattaforme online.

In sintesi, promuovere l'agricoltura sostenibile richiede un impegno congiunto di agricoltori, ricercatori, policy maker e consumatori. Attraverso l'implementazione di queste pratiche, è possibile non solo migliorare l'efficienza e la produttività delle fattorie ma anche garantire che l'agricoltura contribuisca positivamente alla salute dell'ambiente e al benessere delle future generazioni. Con le giuste politiche, tecnologie e una comunità impegnata, possiamo trasformare l'agricoltura in un pilastro della sostenibilità ambientale.

14. Città sostenibili: Progettazione urbana e infrastrutturale per ridurre l'impronta ecologica delle città.

Le città sostenibili mirano a minimizzare l'impronta ecologica urbana attraverso una progettazione intelligente e strategie infrastrutturali che promuovano l'efficienza energetica, la riduzione delle emissioni, la conservazione delle risorse e la qualità della vita. La progettazione urbana sostenibile coinvolge l'integrazione di vari elementi che lavorano insieme per creare ambienti urbani resilienti e vivibili. Ecco alcune delle strategie chiave per lo sviluppo di città più sostenibili:

Pianificazione Urbana Integrata

Una pianificazione urbana efficace è fondamentale per lo sviluppo sostenibile delle città. Ciò include la creazione di spazi urbani che promuovano la densità ottimale, riducendo la dispersione urbana e incoraggiando un uso più efficiente del suolo. La pianificazione deve anche prevedere spazi verdi, come parchi e corridoi ecologici, che svolgono ruoli cruciali nella purificazione dell'aria, nella gestione delle acque piovane e nel fornire spazi di svago per i cittadini.

Mobilità Sostenibile

La mobilità sostenibile è un altro pilastro delle città sostenibili. Ciò include la promozione del trasporto pubblico, la creazione di reti di ciclabili e percorsi pedonali sicuri, e l'incoraggiamento all'uso di veicoli elettrici tramite l'installazione di infrastrutture di ricarica. Le città possono anche implementare zone a bassa emissione dove i veicoli più inquinanti sono limitati o vietati, promuovendo così l'uso di alternative più pulite.

Edifici ad Alta Efficienza Energetica

Gli edifici sostenibili utilizzano materiali e tecnologie che riducono il consumo energetico e aumentano l'efficienza. Questo può includere l'isolamento termico migliorato, sistemi di riscaldamento, ventilazione e aria condizionata (HVAC) efficienti, l'uso di energie rinnovabili come i pannelli solari, e sistemi di gestione dell'energia intelligenti. Gli edifici possono anche essere progettati per massimizzare l'uso della luce naturale e ridurre il bisogno di illuminazione artificiale.

Gestione Sostenibile delle Risorse Idriche

Le città sostenibili adottano pratiche avanzate di gestione delle risorse idriche, inclusa la raccolta e l'utilizzo delle acque piovane, il riciclo delle acque grigie e l'implementazione di tecnologie per il risparmio idrico in edifici pubblici e privati. Queste strategie aiutano a ridurre la pressione sulle fonti idriche locali e migliorano la resilienza urbana agli eventi climatici estremi.

Riduzione dei Rifiuti e Economia Circolare

La gestione efficace dei rifiuti e l'adozione di principi di economia circolare sono essenziali per ridurre l'impronta ecologica delle città. Questo include programmi di riciclaggio e compostaggio, politiche di riduzione dei rifiuti, e l'incoraggiamento della riparazione e del riuso. Le città possono anche promuovere l'uso di materiali riciclati nella costruzione e nella manutenzione urbana.

Spazi Verdi e Biodiversità

Integrare la natura nell'ambiente urbano non solo migliora la qualità dell'aria e contribuisce alla gestione delle acque piovane, ma aumenta anche la biodiversità urbana. La creazione di parchi, giardini sul tetto, muri verdi e altre infrastrutture verdi sono strategie vitali per costruire città più verdi e sostenibili.

Partecipazione Comunitaria

Infine, il coinvolgimento attivo dei cittadini nella pianificazione e nella gestione urbana è fondamentale per il successo delle città sostenibili. I residenti devono avere la possibilità di partecipare alle decisioni che influenzano il loro ambiente, da progetti di sviluppo urbano a programmi di sostenibilità. Le iniziative comunitarie possono anche promuovere pratiche sostenibili a livello individuale e collettivo.

Implementando queste strategie, le città possono trasformarsi in modelli di sostenibilità, riducendo la loro impronta ecologica mentre migliorano la qualità della vita dei loro residenti. La transizione verso città sostenibili richiede un approccio coordinato che integri politiche, tecnologie e pratiche innovative, insieme al sostegno e all'impegno attivo delle comunità locali.

Proseguendo nella discussione sulle città sostenibili e come ridurre la loro impronta ecologica, è essenziale esplorare ulteriori aspetti della progettazione urbana e delle infrastrutture che possono contribuire a un ambiente più sostenibile e vivibile.

Integrazione della Tecnologia Smart City

L'utilizzo di tecnologie smart city può migliorare significativamente l'efficienza energetica e la gestione delle risorse urbane. Sistemi intelligenti di gestione del traffico che riducono gli ingorghi e ottimizzano i flussi di veicoli, sensori ambientali che monitorano la qualità dell'aria e dell'acqua, e piattaforme di dati aperti che permettono ai cittadini di accedere a informazioni in tempo reale possono tutti contribuire a una migliore qualità della vita urbana e a un impatto ambientale ridotto.

Architettura Verde

Oltre agli edifici ad alta efficienza energetica, l'architettura verde incorpora il design sostenibile a tutti i livelli della costruzione e della manutenzione degli edifici. Questo può includere l'uso di materiali da costruzione sostenibili o riciclati, sistemi di facciata viva per migliorare l'isolamento e ridurre il calore urbano, e il design orientato a massimizzare l'efficienza

energetica naturale attraverso l'orientamento, la forma
e la configurazione degli edifici.

Infrastrutture di Mobilità Condivisa

Promuovere le infrastrutture di mobilità condivisa,
come il bike sharing e il car sharing, può ridurre il
numero di veicoli privati sulle strade, diminuire le
emissioni e alleviare la congestione del traffico. Questi
sistemi non solo migliorano l'accessibilità ai trasporti,
ma incoraggiano anche uno stile di vita più attivo e
meno dipendente dalle auto.

Gestione Dinamica delle Risorse Energetiche

L'adozione di reti energetiche intelligenti e di sistemi di
gestione dell'energia in tempo reale nelle città può
ottimizzare il consumo energetico e integrare meglio le
fonti rinnovabili. Questi sistemi permettono una
risposta più flessibile e adattiva ai picchi di domanda e
possono ridurre drasticamente lo spreco di energia.

Incremento dell'Accesso al Verde

Aumentare l'accesso a spazi verdi pubblici non solo
migliora il benessere psicologico e fisico dei cittadini,
ma contribuisce anche a importanti benefici ambientali
come la gestione delle acque piovane, la riduzione
dell'effetto isola di calore e il sequestro del carbonio. La
pianificazione urbana deve quindi includere lo sviluppo
e la manutenzione di parchi, giardini comunitari e altre
aree verdi accessibili.

Politiche di Incentivazione Economica

Implementare politiche che offrono incentivi economici per la sostenibilità può motivare sia le imprese che i privati a investire in tecnologie e pratiche verdi. Questi incentivi possono includere sgravi fiscali per le ristrutturazioni verdi, sovvenzioni per l'installazione di sistemi energetici rinnovabili, e tariffe agevolate per l'acquisto di veicoli elettrici.

Coinvolgimento e Formazione della Comunità

Educare e coinvolgere attivamente i cittadini nei processi di pianificazione e decisione può aumentare il supporto e la partecipazione a iniziative sostenibili. Workshop, consultazioni pubbliche e campagne di sensibilizzazione possono aiutare a informare i cittadini sui benefici della sostenibilità e su come possono contribuire a livello individuale.

Adattabilità e Resilienza Climatica

Infine, le città devono essere progettate per essere resilienti agli impatti del cambiamento climatico. Ciò include la costruzione di infrastrutture capaci di resistere a eventi meteo estremi e l'integrazione di sistemi di gestione delle emergenze che possano rispondere efficacemente a tali eventi. La resilienza climatica non solo protegge l'infrastruttura e la popolazione, ma assicura anche che la città possa continuare a funzionare efficacemente in condizioni avverse.

Continuando a integrare queste strategie innovative e collaborando a livello globale, le città possono diventare leader nel promuovere un futuro più sostenibile. L'approccio deve essere olistico e inclusivo, assicurando che ogni aspetto della vita urbana contribuisca alla visione di una città veramente sostenibile.

Proseguendo con l'approfondimento sulle città sostenibili e la riduzione dell'impronta ecologica urbana, esploriamo ulteriori dimensioni e strategie che possono essere adottate per migliorare la sostenibilità nelle aree urbane.

Valorizzazione delle Acque Reflue

Un aspetto critico della sostenibilità urbana è la gestione e il trattamento delle acque reflue. Le città possono implementare sistemi avanzati di trattamento che non solo purificano l'acqua per il riutilizzo ma recuperano anche risorse preziose come energia, nutrienti e acqua. Le tecnologie innovative, come i bioreattori a membrana e i sistemi di trattamento anaerobico, possono trasformare i centri di trattamento delle acque reflue in impianti di generazione di risorse, contribuendo a chiudere il ciclo delle risorse idriche in città.

Integrazione della Natura nei Progetti di Costruzione

L'integrazione della natura nel design urbano, noto anche come infrastruttura verde, estende oltre i parchi e le aree verdi. Questo include tetti verdi, pareti viventi e altre installazioni che possono aiutare a gestire le acque piovane, migliorare la qualità dell'aria e aumentare la biodiversità urbana. Progettare edifici e spazi pubblici con queste caratteristiche può ridurre il riscaldamento urbano e migliorare la salute e il benessere dei cittadini.

Promozione dell'Economia Locale e Circolare

Supportare e promuovere l'economia locale e circolare può ridurre significativamente l'impronta ecologica delle città. Ciò include il supporto a imprese che praticano il riciclo, il riuso o la produzione di beni da risorse locali rinnovabili. Le città possono facilitare mercati per i prodotti riciclati e organizzare eventi che promuovano la consapevolezza e l'adozione di pratiche di consumo sostenibile.

Sviluppo di Comunità Energeticamente Autonome

Le città possono promuovere lo sviluppo di comunità energeticamente autonome o micro-reti che producono la loro energia rinnovabile per l'uso locale. Questo non solo riduce la dipendenza dalle reti elettriche tradizionali e dai combustibili fossili ma migliora anche la resilienza energetica urbana.
L'implementazione di sistemi di accumulo di energia, come le batterie o altre tecnologie di stoccaggio, può ottimizzare ulteriormente l'uso dell'energia prodotta localmente.

Strategie di Urbanistica Tattica

L'urbanistica tattica sfrutta interventi urbani a basso costo e ad alto impatto per migliorare temporaneamente gli spazi pubblici e testare nuove idee per il design urbano. Questi possono includere pop-up parks, strade pedonali temporanee e installazioni artistiche che promuovono la comunità e la mobilità sostenibile. Questi progetti, spesso guidati dalla comunità, possono catalizzare cambiamenti a lungo termine e aumentare il sostegno pubblico per investimenti più ampi in sostenibilità.

Smart Lighting

Implementare smart lighting nelle aree urbane può ridurre significativamente il consumo di energia. L'illuminazione stradale intelligente che si adatta ai livelli di attività o ai cicli naturali di luce può diminuire il consumo energetico e ridurre l'inquinamento luminoso, creando un ambiente urbano più confortevole e meno energivoro.

Costruzione di Partnership Pubblico-Private

Le partnership tra il settore pubblico e quello privato sono cruciali per finanziare e implementare soluzioni sostenibili nelle città. Queste collaborazioni possono facilitare l'adozione di tecnologie innovative, la realizzazione di progetti infrastrutturali verdi e lo sviluppo di politiche che supportano una pianificazione urbana sostenibile.

Educazione e Coinvolgimento Comunitario Continuo

Infine, un aspetto vitale della creazione di città sostenibili è l'educazione continua e il coinvolgimento della comunità. Workshops, programmi educativi e campagne di sensibilizzazione possono aiutare a informare i cittadini sui vantaggi della sostenibilità e incoraggiarli a adottare comportamenti che supportino gli obiettivi ambientali della città.

Continuando ad esplorare e integrare queste e altre strategie innovative, le città possono trasformarsi in modelli di sostenibilità, migliorando non solo la loro impronta ecologica ma anche la qualità della vita urbana. Questo impegno richiede una visione olistica e l'adozione di un approccio integrato che coinvolga tutti gli stakeholder urbani nel processo di trasformazione.

Proseguendo ulteriormente nel tema delle città sostenibili, è essenziale esplorare approfonditamente come ulteriori innovazioni e pratiche possano essere integrate per sviluppare un ambiente urbano che rispetti gli equilibri ecologici e promuova un futuro sostenibile.

Decentralizzazione delle Infrastrutture

Una strategia chiave per migliorare la sostenibilità urbana è la decentralizzazione delle infrastrutture, in particolare quelle relative a energia, acqua e gestione dei rifiuti. Creare sistemi più piccoli e distribuiti può ridurre le perdite in efficienza e aumentare la resilienza delle città agli shock esterni come disastri naturali o interruzioni dell'energia. Per esempio, micro-reti locali di energia rinnovabile possono fornire energia sostenibile direttamente alle comunità senza la necessità di vasti trasferimenti energetici su lunghe distanze.

Infrastrutture Multifunzionali

Le infrastrutture urbane non devono necessariamente avere un singolo scopo. Strade, per esempio, possono essere progettate non solo per il trasporto ma anche per gestire le acque piovane e migliorare la biodiversità attraverso corsie verdi e percorsi alberati. Similmente, i tetti degli edifici possono essere trasformati in giardini o installazioni solari, contribuendo a isolare gli edifici e a produrre energia locale.

Utilizzo di Materiali Sostenibili in Edilizia

L'edilizia urbana può essere resa più sostenibile attraverso l'uso di materiali ecocompatibili. Materiali come il legno da fonti gestite in modo sostenibile, mattoni di terra cruda, o innovazioni come il calcestruzzo ecologico che cattura carbonio, possono ridurre significativamente l'impatto ambientale della costruzione urbana. Questi materiali non solo aiutano a sequestrare il carbonio ma migliorano anche l'efficienza energetica degli edifici.

Pianificazione Urbana Basata sulla Data

L'analisi dei big data e l'intelligenza artificiale offrono enormi opportunità per ottimizzare la pianificazione

urbana. Analizzare i pattern di movimento, l'uso
dell'energia, e le tendenze di consumo può aiutare le
città a prevedere e pianificare meglio le loro necessità
infrastrutturali, riducendo gli sprechi e migliorando
l'efficienza. I dati possono anche essere utilizzati per
modellare scenari futuri e testare l'impatto di diverse
politiche prima di implementarle.

Politiche di Zonizzazione Flessibili

Adottare politiche di zonizzazione flessibili può
consentire un uso più dinamico e sostenibile dello
spazio urbano. Per esempio, permettendo che gli edifici
siano utilizzati sia per scopi residenziali che
commerciali o trasformando temporaneamente aree
parcheggiate in spazi pubblici, le città possono
adattarsi meglio alle mutevoli esigenze dei cittadini e
promuovere un ambiente più vivibile e meno
dipendente dalle automobili.

Integrazione di Sistemi di Feedback in Tempo Reale

Implementare sistemi che forniscono feedback in
tempo reale agli abitanti delle città sui loro consumi
energetici e sull'impatto ambientale può incentivare
comportamenti più sostenibili. Sistemi di monitoraggio
domestico che mostrano il consumo energetico in
tempo reale o app che tracciano l'impronta di carbonio
delle abitudini di viaggio possono aiutare i cittadini a
diventare più consapevoli delle loro scelte ambientali.

Programmi di Incentivazione per la Sostenibilità

I governi urbani possono implementare programmi che incentivano pratiche sostenibili sia in aziende che in famiglie. Questo può includere sconti fiscali per l'adozione di energie rinnovabili, sovvenzioni per la ristrutturazione ecologica, o premi per le imprese che dimostrano eccellenza nella sostenibilità.

Promuovere l'Engagement Civico nella Sostenibilità

Infine, per realizzare veramente le città sostenibili, è essenziale che i cittadini siano attivamente coinvolti nel processo. Ciò può essere facilitato attraverso l'istruzione, la partecipazione pubblica nelle decisioni di pianificazione, e l'empowerment delle comunità locali per avviare i propri progetti di sostenibilità. Facilitare la partecipazione civica non solo migliora l'efficacia delle iniziative sostenibili, ma rafforza anche il senso di comunità e l'appartenenza tra gli abitanti.

Continuando a esplorare e implementare queste strategie avanzate, le città possono progredire verso una sostenibilità integrale, creando ambienti urbani che sono non solo meno dannosi per l'ambiente, ma anche più equi, inclusivi e adatti a sostenere una qualità della vita elevata.

Concludendo, le città sostenibili rappresentano il fulcro degli sforzi per creare un ambiente più verde, resiliente e vivibile, riducendo l'impatto ecologico dell'urbanizzazione mentre si migliorano le condizioni di vita per tutti i cittadini. Questo obiettivo richiede un approccio olistico e multidimensionale che integra tecnologie avanzate, politiche innovative e la partecipazione attiva della comunità. Di seguito, riassumiamo in dettaglio le strategie principali per realizzare città veramente sostenibili:

Pianificazione Urbana Strategica

La pianificazione urbana deve essere proattiva e strategica, incorporando principi di densità sostenibile, uso misto del suolo e accessibilità. Questo approccio riduce la dipendenza dalle automobili, promuove una maggiore efficienza energetica e supporta una qualità della vita più alta con meno impatti ambientali.

Trasporti Multimodali e Mobilità Verde

Le città devono sviluppare e promuovere sistemi di trasporto pubblico efficienti e reti di mobilità alternativa, come la bicicletta e il camminare, che sono accessibili a tutti. L'integrazione di soluzioni di mobilità verde riduce le emissioni di carbonio, decongestiona il traffico e promuove uno stile di vita più sano.

Edifici Energeticamente Efficiente

Implementare normative che richiedono o incentivano la costruzione di edifici ad alta efficienza energetica e l'uso di materiali sostenibili nel processo edilizio. Gli edifici verdi non solo consumano meno risorse ma offrono anche ambienti interni più sani per i loro occupanti.

Infrastrutture Verdi e Biodiversità Urbana

Espandere e mantenere spazi verdi urbani come parchi, giardini sul tetto e fasce verdi per migliorare la gestione delle acque piovane, ridurre le isole di calore urbano e incrementare la biodiversità locale, contribuendo significativamente alla resilienza ecologica delle città.

Gestione Sostenibile delle Risorse

Adottare sistemi di gestione delle risorse che promuovano l'uso efficace e il riciclaggio di acqua, energia e materiali. Questo include tecnologie per il trattamento e il riutilizzo delle acque reflue, programmi di riciclaggio robusti e politiche che supportano l'economia circolare.

Tecnologia e Innovazione

Sfruttare la tecnologia e l'innovazione per migliorare l'efficienza operativa delle città. Utilizzare dati e analitiche per ottimizzare tutto, dalla distribuzione dell'energia e la raccolta dei rifiuti alla manutenzione delle infrastrutture e alla gestione del traffico.

Politiche e Regolamenti di Supporto

Creare un ambiente normativo che faciliti l'adozione di pratiche sostenibili attraverso incentivi, sovvenzioni, e regolamenti che favoriscano investimenti verdi e tecnologie pulite. Le politiche devono essere inclusive e equitative per assicurare che i benefici della sostenibilità siano accessibili a tutti i segmenti della società.

Coinvolgimento Comunitario

Infine, il coinvolgimento attivo dei cittadini e delle comunità locali nel processo di pianificazione e decisione è essenziale per il successo delle iniziative urbane sostenibili. Educare e mobilitare la comunità locale non solo aumenta la trasparenza e la fiducia nelle iniziative urbane ma garantisce anche che i progetti rispondano efficacemente alle esigenze e alle aspettative dei cittadini.

In sintesi, la realizzazione di città sostenibili richiede una visione integrata che collega la pianificazione urbana, la tecnologia, le politiche ambientali e il coinvolgimento della comunità. Attraverso questi sforzi concertati, le città possono diventare centri di sostenibilità, innovazione e benessere, assicurando un futuro resiliente e prospero per le generazioni a venire.

15. Mobilità sostenibile: Promuovere i trasporti pubblici, la mobilità elettrica e le biciclette come alternative ai veicoli a combustibili fossili.

La mobilità sostenibile è essenziale per ridurre le emissioni di gas serra, migliorare la qualità dell'aria nelle città e promuovere stili di vita più sani. È fondamentale integrare una varietà di opzioni di trasporto che riducano la dipendenza dai veicoli a combustibili fossili e incentivino l'uso di alternative più ecologiche. Ecco una panoramica dettagliata di come promuovere i trasporti pubblici, la mobilità elettrica e le biciclette:

Potenziare il Trasporto Pubblico

Investire in un sistema di trasporto pubblico efficiente e affidabile è uno dei modi più efficaci per promuovere la mobilità sostenibile. Ciò include non solo l'espansione delle reti di autobus e treni ma anche l'ottimizzazione delle rotte esistenti e la riduzione dei tempi di attesa per gli utenti. Il trasporto pubblico dovrebbe essere accessibile economicamente e capillarmente distribuito per servire un'ampia gamma di popolazione urbana e suburbana. Inoltre, migliorare l'esperienza dell'utente attraverso stazioni sicure, confortevoli e ben collegate può incoraggiare più persone a scegliere il trasporto pubblico rispetto ai veicoli privati.

Promuovere la Mobilità Elettrica

La transizione verso veicoli elettrici (EV) è cruciale per ridurre le emissioni di carbonio nel settore dei trasporti. Le città possono supportare questa transizione incentivando l'installazione di infrastrutture di ricarica in luoghi pubblici e residenziali. Offrire incentivi fiscali o sconti per l'acquisto di EV può anche stimolare il mercato e aumentare l'adozione di queste tecnologie. Inoltre, l'integrazione di autobus e taxi elettrici nei sistemi di trasporto pubblico può ridurre significativamente l'impatto ambientale del trasporto di massa.

Incoraggiare l'Uso della Bicicletta

La bicicletta è un mezzo di trasporto ecologico e salutare che può ridurre significativamente la congestione urbana e l'inquinamento. Per promuovere l'uso della bicicletta, le città possono sviluppare reti ciclabili sicure e connesse che proteggano i ciclisti dal traffico più pesante. Creare programmi di bike-sharing e fornire infrastrutture adeguate come parcheggi sicuri per biciclette e stazioni di servizio può anche aumentare l'attrattività della bicicletta come alternativa ai mezzi motorizzati. Campagne di sensibilizzazione e eventi che promuovono la cultura della bicicletta possono ulteriormente incoraggiare i cittadini a scegliere questo mezzo di trasporto.

Sviluppo di Politiche Integrate

Per una strategia di mobilità sostenibile efficace, è necessario sviluppare politiche integrate che considerino tutte le forme di trasporto. Questo può includere la pianificazione urbana che incoraggia l'uso di mezzi di trasporto sostenibili attraverso incentivi urbanistici e fiscali. Ad esempio, le zone a traffico limitato (ZTL) possono ridurre il numero di veicoli a combustione nel centro delle città, mentre le politiche che richiedono nuovi sviluppi immobiliari per supportare infrastrutture di trasporto sostenibili possono garantire che la crescita urbana sia allineata con gli obiettivi di mobilità sostenibile.

Educazione e Sensibilizzazione

Educare i cittadini sull'impatto ambientale dei loro scelte di trasporto e sulle alternative sostenibili disponibili è vitale per cambiare comportamenti a lungo termine. Le scuole, le università e i luoghi di lavoro possono giocare un ruolo cruciale nell'informare e motivare le persone a optare per opzioni di trasporto più verdi.

In conclusione, promuovere la mobilità sostenibile richiede un approccio olistico che integra miglioramenti infrastrutturali, incentivi economici, politiche supportative e iniziative educative. Attraverso questi sforzi congiunti, le città possono ridurre la loro dipendenza dai combustibili fossili, migliorare la qualità dell'aria e della vita urbana e muoversi verso un futuro più verde e sostenibile.

Continuando a esplorare l'argomento della mobilità sostenibile, è fondamentale considerare ulteriori strategie e innovazioni che possono essere implementate per migliorare l'efficienza e la sostenibilità dei sistemi di trasporto urbano.

Integrazione di Tecnologie Smart Mobility

Le tecnologie di smart mobility utilizzano dati e tecnologia digitale per ottimizzare le prestazioni del sistema di trasporto. Ciò include l'uso di applicazioni mobile per migliorare l'accesso e l'efficienza del trasporto pubblico, sistemi di gestione del traffico che riducono gli ingorghi e migliorano la sicurezza stradale, e piattaforme di carpooling che incoraggiano la condivisione dei viaggi. Implementando questi strumenti, le città possono ridurre significativamente la congestione e le emissioni, migliorando al contempo la mobilità dei cittadini.

Zone a Basse Emissioni e Pedonali

Creare zone a basse emissioni (Low Emission Zones, LEZ) dove i veicoli più inquinanti sono limitati o dove si incentiva l'uso di veicoli elettrici può ridurre drasticamente l'inquinamento atmosferico nelle aree urbane. Allo stesso modo, l'espansione delle zone pedonali non solo promuove uno stile di vita più attivo e sano, ma contribuisce anche a ridurre le emissioni di carbonio e migliora l'ambiente urbano.

Incentivi Fiscali e Subsidi

Offrire incentivi fiscali per l'acquisto di veicoli elettrici, biciclette e abbonamenti ai trasporti pubblici può motivare un cambiamento nei comportamenti di mobilità. Questi incentivi possono includere sgravi fiscali, riduzioni sulle tariffe di registrazione o anche sovvenzioni dirette che rendono queste opzioni più accessibili e attraenti per un ampio segmento della popolazione.

Sviluppo di Infrastrutture Multimodali

Costruire infrastrutture che supportano una varietà di opzioni di trasporto può facilitare la transizione verso una mobilità più sostenibile. Questo può includere la costruzione di interporti che integrano biciclette, trasporto pubblico e veicoli elettrici, stazioni di trasferimento efficienti tra diversi modi di trasporto, e parcheggi per biciclette sicuri e accessibili nelle stazioni di trasporto pubblico e nei centri urbani.

Pianificazione Urbana Orientata al Trasporto

Adottare un approccio di pianificazione urbana orientato al trasporto (Transit-Oriented Development, TOD) può promuovere un uso più efficiente del suolo e ridurre la dipendenza dalle auto. Il TOD incentiva la densità residenziale e commerciale intorno ai nodi di trasporto pubblico, rendendo il trasporto pubblico, il camminare e il pedalare le forme più pratiche e convenienti di mobilità.

Miglioramento della Sicurezza Stradale

La sicurezza stradale è un aspetto fondamentale della mobilità sostenibile. Implementare misure che migliorano la sicurezza per pedoni e ciclisti, come attraversamenti pedonali ben segnalati, zone a traffico calmo e piste ciclabili protette, può incoraggiare più persone a optare per questi modi di trasporto più ecologici e salutari.

Campagne di Sensibilizzazione e Educazione

Condurre campagne di sensibilizzazione e programmi educativi che informano i cittadini sui benefici della mobilità sostenibile e sulle varie opzioni disponibili può accelerare il cambiamento nei comportamenti di mobilità. Questi programmi possono includere workshop nelle scuole, campagne pubblicitarie e iniziative comunitarie che promuovono la condivisione dei viaggi, l'uso del trasporto pubblico e le pratiche di mobilità sostenibile.

Monitoraggio e Valutazione Continui

Infine, è essenziale che le città implementino sistemi di monitoraggio e valutazione per tracciare l'efficacia delle politiche di mobilità sostenibile. Questo non solo aiuta a identificare aree di miglioramento ma fornisce anche dati preziosi che possono guidare decisioni politiche future e l'allocazione delle risorse.

Attraverso l'implementazione di queste strategie innovative e la continua valutazione delle loro efficacia, le città possono progressivamente ridurre la loro dipendenza dai combustibili fossili e muoversi verso un sistema di trasporto più verde, efficiente e inclusivo. Questo approccio integrato e multiforme è essenziale per costruire città resilienti e sostenibili che sono ben attrezzate per affrontare le sfide ambientali del futuro.

Proseguendo nella discussione sulla mobilità sostenibile, possiamo esplorare ulteriori strategie innovative e politiche che possono essere adottate per migliorare l'efficienza del sistema di trasporto urbano e ridurre la dipendenza dai combustibili fossili.

Sviluppo di Reti di Trasporto Rapido di Massa

Investire in reti di trasporto rapido di massa, come metropolitane e tram, può fornire un'alternativa veloce e affidabile ai veicoli privati. Queste reti dovrebbero essere progettate per coprire ampie aree urbane e suburbane, offrendo connessioni efficienti e tempi di percorrenza competitivi rispetto all'automobile, particolarmente durante le ore di punta.

Utilizzo di Flotte di Veicoli Elettrici per Servizi Pubblici

I governi locali possono adottare flotte di veicoli elettrici per i servizi pubblici, inclusi autobus, veicoli di emergenza e flotte di servizio comunale. Questo non solo riduce le emissioni dirette di gas serra ma serve anche come modello di best practice per i cittadini e le imprese locali.

Espansione di Programmi di Sharing Mobility

Espandere i programmi di sharing mobility, che includono car sharing, bike sharing e scooter sharing, può aumentare le opzioni di trasporto sostenibile disponibili per i cittadini. Questi programmi possono ridurre il numero di veicoli privati sulle strade, diminuire la congestione e l'inquinamento atmosferico e promuovere uno stile di vita più attivo.

Implementazione di Tasse sulla Congestione

Introdurre tasse sulla congestione in aree urbane densamente popolate può disincentivare l'uso di veicoli privati e promuovere l'uso di alternative sostenibili. Le entrate generate da queste tasse possono essere reinvestite in infrastrutture di trasporto pubblico e mobilità sostenibile.

Promozione di Piani di Mobilità Aziendale

Incoraggiare le aziende a sviluppare piani di mobilità aziendale per i loro dipendenti può ridurre significativamente il traffico pendolare. Questi piani possono includere incentivi per il carpooling, l'uso del trasporto pubblico, o la fornitura di infrastrutture per biciclette e veicoli elettrici nei luoghi di lavoro.

Sviluppo di Applicazioni per la Mobilità Integrata

Sviluppare e promuovere applicazioni di mobilità integrata che combinano informazioni su diverse modalità di trasporto pubblico e privato può facilitare la pianificazione del viaggio e l'uso di mezzi di trasporto più sostenibili. Queste app possono offrire opzioni di viaggio ottimizzate in tempo reale, suggerendo itinerari che combinano camminata, bicicletta, trasporto pubblico e car sharing.

Utilizzo di Pavimentazioni Riflettenti e Assorbenti

Adottare l'uso di materiali pavimentanti riflettenti e assorbenti nelle aree urbane può ridurre l'effetto isola di calore e migliorare il comfort ambientale. Questi materiali possono anche contribuire a gestire meglio le acque meteoriche, riducendo il rischio di alluvioni e migliorando la qualità delle acque superficiali.

Incentivazione del Telelavoro

Promuovere il telelavoro può ridurre significativamente la necessità di pendolarismo quotidiano, diminuendo la congestione del traffico e le emissioni associate. Le politiche che supportano il lavoro da casa o la settimana lavorativa compressa possono essere particolarmente efficaci in grandi aree metropolitane.

Educazione Civica e Campagne di Sensibilizzazione

Conduzione di campagne di educazione civica per sensibilizzare i cittadini sui benefici della mobilità sostenibile e sul loro ruolo nel ridurre l'impronta ecologica. Queste campagne possono utilizzare vari media, inclusi social media, workshop, e eventi pubblici, per informare e motivare un cambiamento nei comportamenti di mobilità.

Continuando a implementare e sviluppare queste e altre strategie innovative, le città possono avanzare verso un sistema di trasporto più sostenibile e inclusivo. Un approccio integrato e ben pianificato può non solo ridurre la dipendenza dai combustibili fossili ma anche migliorare significativamente la qualità della vita urbana, rendendo le città più verdi, più pulite e più vivibili.

Approfondendo ulteriormente il tema della mobilità sostenibile, ci sono numerosi altri aspetti e strategie che le città possono adottare per promuovere un sistema di trasporto più ecologico ed efficiente.

Standardizzazione delle Stazioni di Ricarica Elettrica

Per facilitare la transizione verso la mobilità elettrica, è essenziale che le città implementino una rete capillare di stazioni di ricarica standardizzate. Questo richiede non solo un aumento del numero di stazioni disponibili ma anche l'adozione di standard di ricarica uniformi che possano accogliere una vasta gamma di veicoli elettrici. Inoltre, queste stazioni dovrebbero essere opportunamente distribuite per servire sia le zone centrali che quelle periferiche, assicurando così l'accessibilità e la praticità per tutti gli utenti.

Pianificazione di Corridoi Verdi per Pedoni e Ciclisti

La creazione di corridoi verdi dedicati esclusivamente a pedoni e ciclisti è un'altra strategia per promuovere la mobilità sostenibile. Questi corridoi non solo forniscono un percorso sicuro e piacevole lontano dal traffico automobilistico ma contribuiscono anche al verde urbano, migliorando la qualità dell'aria e offrendo un habitat per la fauna locale. La pianificazione di questi corridoi richiede un attento esame del tessuto urbano per integrarli efficacemente nelle reti esistenti di strade e percorsi.

Sviluppo di Politiche di Riduzione dei Biglietti per il Trasporto Pubblico

Per incentivare l'uso del trasporto pubblico, le città possono considerare politiche di riduzione dei costi dei biglietti o addirittura offrire periodi di viaggio gratuito durante le ore di punta o in giorni specifici. Queste politiche possono essere particolarmente efficaci per attirare nuovi utenti e ridurre la congestione e l'inquinamento durante gli eventi cittadini o in particolari stagioni dell'anno.

Implementazione di Tecnologie di Veicoli Autonomi

Esplorare l'integrazione di veicoli autonomi nel sistema di trasporto pubblico potrebbe offrire un nuovo livello di efficienza e sicurezza. I veicoli autonomi, se ben integrati nei sistemi di trasporto urbano, possono ridurre gli incidenti stradali, migliorare il flusso del traffico e ottimizzare l'uso dei veicoli. Tuttavia, questa tecnologia deve essere implementata con cautela, assicurando che tutti gli aspetti etici e di sicurezza siano adeguatamente considerati.

Promozione dell'Uso Condiviso degli Spazi di Parcheggio

Incentivare l'uso condiviso degli spazi di parcheggio può ridurre il numero di veicoli in circolazione e l'area urbana dedicata ai parcheggi. Attraverso politiche che favoriscono la condivisione di parcheggi privati tra diversi utenti o l'uso alternato di spazi durante diverse fasce orarie, le città possono ottimizzare l'uso dello spazio e supportare una cultura di condivisione e minor dipendenza personale dall'automobile.

Integrazione di Soluzioni di Last Mile

Migliorare le soluzioni di trasporto last mile può significativamente aumentare l'efficienza del sistema di trasporto pubblico incentivando più persone a utilizzarlo. Questo include l'implementazione di sistemi di navette, punti di noleggio bici e scooter elettrici nelle vicinanze delle stazioni di trasporto pubblico, rendendo più agevole per i cittadini completare la loro tratta finale verso la destinazione finale.

Monitoraggio Continuo dell'Impatto Ambientale

Infine, un monitoraggio continuo dell'impatto ambientale dei sistemi di trasporto può fornire dati cruciali per valutare l'efficacia delle politiche di mobilità sostenibile. Questo può includere il monitoraggio della qualità dell'aria, l'analisi dei flussi di traffico e l'osservazione delle tendenze di utilizzo dei diversi modi di trasporto, aiutando le città a fare aggiustamenti e miglioramenti continui.

Continuando a esplorare, sviluppare e implementare queste e altre strategie, le città possono fare passi significativi verso la realizzazione di sistemi di trasporto che non solo rispettano l'ambiente ma migliorano anche la qualità della vita urbana, promuovendo uno sviluppo più equo, accessibile e sostenibile.

Concludendo, la promozione della mobilità sostenibile nelle aree urbane è un elemento cruciale per ridurre l'impronta ecologica delle città, migliorare la qualità dell'aria, e aumentare la qualità della vita dei cittadini. Per realizzare una vera trasformazione verso la mobilità sostenibile, è essenziale adottare un approccio integrato che combini innovazioni tecnologiche, politiche efficaci, e una forte partecipazione comunitaria. Ecco un riepilogo dettagliato delle strategie chiave:

Investimento in Infrastrutture di Trasporto Pubblico

Le città devono investire in sistemi di trasporto pubblico affidabili e efficienti che siano una valida alternativa all'uso del veicolo privato. Ciò include non solo la manutenzione e l'espansione delle reti esistenti ma anche l'integrazione di nuove tecnologie come i sistemi di bigliettazione elettronica e le app di mobilità integrata che migliorano l'esperienza dell'utente.

Sviluppo di Rete Ciclabili e Pedonali

Creare e mantenere reti sicure per ciclisti e pedoni è fondamentale per incoraggiare questi metodi di trasporto a basso impatto. Le infrastrutture come piste ciclabili protette, marciapiedi ampi e ben illuminati, e strade calme che prioritizzano i pedoni e i ciclisti possono trasformare il tessuto urbano e promuovere uno stile di vita attivo e sostenibile.

Promozione dei Veicoli Elettrici

Facilitare la transizione verso i veicoli elettrici attraverso incentivi fiscali, la costruzione di infrastrutture di ricarica e la regolamentazione favorevole è essenziale per ridurre le emissioni di gas serra derivanti dai trasporti. Le città possono anche prendere l'iniziativa convertendo le loro flotte di veicoli a servizi completamente elettrici.

Implementazione di Politiche di Riduzione del Traffico

Strategie come le zone a basse emissioni, le tasse di congestione e i divieti di circolazione nei centri storici possono ridurre efficacemente il traffico veicolare nelle aree più sensibili. Queste politiche non solo migliorano la qualità dell'aria ma anche riducono il rumore e migliorano l'attrattività delle aree urbane.

Integrazione di Tecnologie di Smart Mobility

Adottare tecnologie avanzate per gestire e ottimizzare i flussi di traffico e trasporto può significativamente aumentare l'efficienza della mobilità urbana. Questo può includere l'uso di dati in tempo reale per regolare i segnali di traffico, monitorare i flussi di pedoni e veicoli e prevedere le necessità di manutenzione.

Educazione e Campagne di Sensibilizzazione

Informare e coinvolgere i cittadini riguardo i benefici della mobilità sostenibile e le opzioni disponibili è fondamentale per cambiare comportamenti a lungo termine. Campagne educative, workshop, e incentivi possono aiutare a costruire una cultura della mobilità sostenibile.

Valutazione e Feedback Continui

Infine, è vitale che le città implementino sistemi di monitoraggio e valutazione per tracciare l'efficacia delle iniziative di mobilità sostenibile. Questi dati non solo permettono di adeguare le politiche e le pratiche in base alle esigenze emergenti ma anche di dimostrare il valore degli investimenti in sostenibilità ai cittadini e agli stakeholder.

In sintesi, promuovere la mobilità sostenibile richiede un impegno congiunto da parte di amministrazioni cittadine, imprese, e comunità. Attraverso l'adozione di queste strategie integrate, le città possono non solo ridurre le loro emissioni di carbonio ma anche creare ambienti urbani più vivibili, sicuri e accessibili per tutti.

16. Politiche pubbliche e accordi internazionali:
Analizzare il ruolo dei governi e degli accordi globali
come l'Accordo di Parigi nel contrasto al cambiamento
climatico.

Il ruolo dei governi e degli accordi internazionali è
fondamentale nella lotta contro il cambiamento
climatico. Queste entità non solo formulano politiche
che influenzano le attività nazionali, ma anche
collaborano a livello globale per stabilire obiettivi
comuni e metodi per mitigare gli impatti ambientali.
Tra gli accordi più significativi vi è l'Accordo di Parigi,
uno degli esempi più emblematici di cooperazione
internazionale in materia di clima. Analizziamo in
dettaglio il ruolo di queste strutture nella gestione del
cambiamento climatico.

Il Ruolo dei Governi

1. **Legislazione Ambientale**: I governi nazionali
   svolgono un ruolo cruciale nell'implementazione
   di leggi che limitano le emissioni di gas serra,
   promuovono l'uso di energie rinnovabili e
   regolano le attività industriali per proteggere
   l'ambiente. Queste leggi possono includere
   standard di efficienza energetica, restrizioni sulle
   emissioni per le industrie e incentivi per
   l'adozione di tecnologie pulite.

2. **Politiche Fiscali e Incentivi**: Attraverso
   politiche fiscali come tasse sul carbonio o

incentivi per investimenti sostenibili, i governi possono indirizzare il comportamento delle imprese e dei consumatori verso opzioni più ecologiche. Queste misure economiche sono essenziali per internalizzare i costi ambientali delle attività economiche.

3. **Ricerca e Sviluppo**: I finanziamenti governativi per la ricerca e lo sviluppo in tecnologie pulite sono vitali per accelerare l'innovazione necessaria per combattere il cambiamento climatico. Questo include il sostegno per le energie rinnovabili, le tecnologie di cattura del carbonio e le soluzioni di mobilità sostenibile.

4. **Educazione e Sensibilizzazione Pubblica**: I governi hanno anche la responsabilità di educare i cittadini sui cambiamenti climatici e sulle azioni individuali che possono contribuire alla loro mitigazione. Campagne di informazione pubblica possono aumentare la consapevolezza e promuovere comportamenti sostenibili tra la popolazione.

Accordi Internazionali

1. **L'Accordo di Parigi**: Firmato nel 2015, l'Accordo di Parigi è uno degli accordi internazionali più significativi sul clima. L'obiettivo principale è mantenere l'aumento della temperatura globale al di sotto dei 2°C rispetto ai livelli pre-industriali, con sforzi per

limitare l'aumento a 1,5°C. Gli Stati parte si impegnano a raggiungere il picco delle emissioni di gas serra il prima possibile per raggiungere un bilancio tra le emissioni antropogeniche e l'assorbimento attraverso i sumidoures in questo secolo.

2. **Contributi Determinati a Livello Nazionale (NDC)**: Parte integrante dell'Accordo di Parigi, gli NDC sono i piani di azione climatica che ogni paese deve presentare, delineando gli obiettivi nazionali di riduzione delle emissioni. Questi piani devono essere aggiornati ogni cinque anni, con l'obiettivo di aumentare la loro ambizione nel tempo.

3. **Finanziamento per il Clima**: L'Accordo di Parigi stabilisce anche meccanismi di finanziamento per aiutare i paesi in via di sviluppo a combattere il cambiamento climatico e adattarsi ai suoi effetti. Questo include il Green Climate Fund, che mira a canalizzare miliardi di dollari ai paesi che ne hanno più bisogno per implementare tecnologie e pratiche sostenibili.

4. **Cooperazione Tecnologica e Capacità di Costruzione**: Gli accordi internazionali spesso includono componenti che promuovono lo scambio di tecnologie e il miglioramento delle capacità nei paesi meno sviluppati. Questo aiuta a garantire che tutti i paesi, indipendentemente dal livello di sviluppo, possano partecipare

attivamente agli sforzi globali per mitigare il cambiamento climatico.

In sintesi, i governi e gli accordi internazionali sono pilastri fondamentali nella lotta contro il cambiamento climatico. Attraverso politiche efficaci, cooperazione transnazionale, finanziamenti mirati e iniziative di sensibilizzazione, queste entità lavorano congiuntamente per stabilire un percorso sostenibile che limiti i danni ambientali e promuova uno sviluppo globale sostenibile.

Continuando a esaminare il ruolo dei governi e degli accordi internazionali nel contrasto al cambiamento climatico, è essenziale considerare ulteriori strategie e meccanismi che potrebbero rafforzare gli sforzi globali per limitare e gestire i cambiamenti ambientali.

Meccanismi di Trasparenza e Verifica

Un aspetto fondamentale degli accordi internazionali sul clima è la creazione di sistemi robusti di trasparenza e verifica per assicurare che i paesi adempiano ai loro impegni. Questi meccanismi consentono una verifica indipendente delle relazioni sui progressi fatti e delle riduzioni delle emissioni, garantendo così che gli sforzi di mitigazione siano sia reali che efficaci. La trasparenza non solo rafforza la fiducia tra le nazioni ma stimola anche l'ambizione nazionale attraverso la pressione e l'ispirazione reciproca.

Sviluppo di Politiche Nazionali Integrate

Per essere efficaci, le politiche climatiche devono essere integrate nei piani di sviluppo nazionale più ampi, comprendendo settori come energia, agricoltura, trasporti, edilizia e salute. L'integrazione garantisce che gli sforzi di mitigazione del clima siano coerenti con altri obiettivi di sviluppo e che le sinergie tra i settori possano essere sfruttate per massimizzare l'efficacia.

Rafforzamento delle Capacità Istituzionali

I governi necessitano di istituzioni forti e ben finanziare per implementare efficacemente le politiche climatiche. Questo include la formazione di personale qualificato, l'investimento in tecnologie di monitoraggio e la creazione di agenzie specifiche per il clima che possano coordinare le azioni a livello nazionale e locale. Le capacità istituzionali sono cruciali per l'elaborazione e l'attuazione di risposte efficaci al cambiamento climatico.

Promozione della Collaborazione Internazionale

Mentre gli accordi internazionali forniscono il quadro per la cooperazione globale, la collaborazione attiva tra i paesi è essenziale per condividere le migliori pratiche, le tecnologie e le strategie di finanziamento. La collaborazione può assumere molte forme, tra cui partenariati bilaterali, reti di ricerca, e programmi congiunti di sviluppo tecnologico.

Incentivi per l'Innovazione Privata

Oltre alle politiche governative, è cruciale incentivare il settore privato a investire in tecnologie pulite e pratiche sostenibili. Ciò può essere realizzato attraverso incentivi fiscali, sovvenzioni, opportunità di mercato come il commercio delle emissioni e regolamenti che richiedono o premiano la riduzione dell'impatto ambientale.

Coinvolgimento delle Comunità Locali

Le politiche climatiche saranno più efficaci se vi è un forte coinvolgimento delle comunità locali nella loro formulazione e attuazione. Comprendere le specifiche esigenze e le condizioni delle comunità locali può aiutare a progettare interventi più mirati e sostenibili. Inoltre, l'empowerment delle comunità locali attraverso l'educazione e le risorse può accelerare l'adozione di comportamenti sostenibili e il supporto per le iniziative di mitigazione.

Adattamento e Resilienza

Mentre la mitigazione è vitale, i governi devono anche concentrarsi su strategie di adattamento per gestire gli impatti inevitabili del cambiamento climatico. Questo include il rafforzamento delle infrastrutture critiche, il miglioramento della gestione delle risorse idriche e agricole, e lo sviluppo di sistemi di allerta precoce per fenomeni meteorologici estremi.

Educazione e Sensibilizzazione Continua

Infine, un impegno continuo nella sensibilizzazione e nell'educazione pubblica è cruciale per mantenere il cambiamento climatico come una priorità nell'agenda pubblica e politica. L'educazione aiuta a creare una cittadinanza informata che può esercitare pressione sui decisori politici per politiche più ambiziose e che può adottare scelte di vita più sostenibili.

Attraverso l'implementazione di queste e altre strategie, i governi e la comunità internazionale possono migliorare significativamente la loro capacità di affrontare efficacemente il cambiamento climatico, soddisfacendo gli obiettivi globali per un futuro sostenibile e garantendo la sicurezza ambientale per le generazioni future.

Concludendo, l'importanza delle politiche pubbliche e degli accordi internazionali nel contrasto al cambiamento climatico è immensa. Questi strumenti sono essenziali per coordinare l'azione globale, stabilire obiettivi condivisi, e mobilizzare le risorse necessarie per affrontare efficacemente le sfide climatiche. Di seguito, riassumiamo in dettaglio come queste politiche e accordi funzionano e interagiscono per promuovere la sostenibilità globale:

Impostazione di Standard Globali

Gli accordi internazionali come l'Accordo di Parigi stabiliscono standard globali e obiettivi di riduzione delle emissioni che tutti i paesi firmatari si impegnano a perseguire. Questi standard sono cruciali per mantenere un approccio coordinato e uniforme alla mitigazione del cambiamento climatico, garantendo che ogni nazione contribuisca ai sforzi globali in base alla propria capacità e al proprio livello di sviluppo.

Meccanismi di Monitoraggio e Reporting

Questi accordi internazionali includono anche meccanismi rigorosi di monitoraggio e reporting per assicurare la trasparenza e l'accountability delle azioni climatiche nazionali. Questi meccanismi permettono di valutare periodicamente i progressi compiuti verso gli obiettivi di emissione e di adattare le politiche in base ai risultati. La trasparenza è vitale per mantenere la fiducia tra i paesi e per motivare un miglioramento continuo delle prestazioni climatiche.

Finanziamento e Supporto Tecnico

Gli accordi internazionali facilitano anche il trasferimento di risorse finanziarie e tecnologiche dai paesi più sviluppati a quelli in via di sviluppo. Questo supporto è fondamentale per aiutare i paesi meno abbienti a implementare tecnologie pulite e pratiche di adattamento efficaci. Strumenti come il Green Climate Fund sono esempi di come il finanziamento climatico internazionale può essere strutturato per supportare progetti di mitigazione e adattamento in tutto il mondo.

Collaborazione e Scambio di Conoscenze

I governi e le istituzioni internazionali giocano un ruolo chiave nel facilitare la collaborazione e lo scambio di conoscenze e migliori pratiche tra i paesi. Questo può includere partnership in ricerca e sviluppo, programmi di formazione e capacità edilizia, e piattaforme per il dialogo politico. Queste collaborazioni sono essenziali per accelerare l'innovazione e migliorare l'efficacia delle risposte climatiche.

Leggi e Regolamenti Nazionali

A livello nazionale, i governi implementano leggi e regolamenti che traducono gli obiettivi globali in azioni concrete. Questo può includere leggi su energia rinnovabile, efficienza energetica, tassazione del carbonio, normative ambientali e incentivi per le energie pulite. Queste politiche sono personalizzate per riflettere le circostanze specifiche di ogni paese e sono cruciali per mobilitare l'azione locale verso gli obiettivi globali.

Coinvolgimento del Settore Privato e della Società Civile

Infine, i governi devono lavorare a stretto contatto con il settore privato e la società civile per assicurare che le politiche climatiche siano inclusivi ed efficaci. Coinvolgere queste parti interessate non solo aiuta a garantire che le politiche siano realisticamente attuabili ma anche che siano sostenute da un ampio consenso sociale, aumentando così la loro durata e impatto.

In sintesi, il contrasto al cambiamento climatico richiede un impegno concertato a tutti i livelli, dalla legislazione locale all'azione globale. Solo attraverso un impegno comune, sostenuto da politiche solide, collaborazione internazionale e innovazione continua, possiamo sperare di mitigare gli impatti del cambiamento climatico e guidare il mondo verso un futuro sostenibile. Queste strategie non solo aiutano a proteggere l'ambiente ma creano anche opportunità economiche, migliorano la salute pubblica e promuovono la giustizia sociale globale.

17. Economia circolare: Riduzione, riutilizzo, riciclaggio e recupero dei materiali per minimizzare gli sprechi.

L'economia circolare è un modello economico sostenibile progettato per minimizzare gli sprechi attraverso il riutilizzo efficiente delle risorse. A differenza dell'economia lineare tradizionale, che segue il percorso "estrai, produci, consuma e getta", l'economia circolare si impegna a rigenerare prodotti e materiali in modo continuo. Questo approccio può ridurre significativamente l'impatto ambientale e migliorare la sostenibilità. Ecco una panoramica dettagliata dei principali componenti dell'economia circolare: riduzione, riutilizzo, riciclaggio e recupero.

Riduzione

La riduzione si riferisce alla minimizzazione della quantità di risorse utilizzate nella produzione e nel consumo. Ciò può essere ottenuto attraverso diverse strategie:

- **Design per la riduzione**: Progettare prodotti che richiedano meno materiali e energia per la loro produzione. Ciò include l'uso di materiali più leggeri e più forti e la minimizzazione del numero di componenti utilizzati.

- **Ottimizzazione dei processi**: Migliorare l'efficienza dei processi produttivi per ridurre il consumo di materie prime ed energia. L'adozione di tecnologie avanzate e l'automazione possono giocare un ruolo cruciale in questo ambito.

- **Modelli di business innovativi**: Promuovere modelli di business che riducano il consumo materiale, come il noleggio o il leasing di prodotti invece della loro vendita. Questo può ridurre significativamente la quantità di nuovi prodotti fabbricati e, di conseguenza, la raccolta di nuove risorse.

Riutilizzo

Il riutilizzo implica l'utilizzo ripetuto di un prodotto o di una componente per lo stesso scopo per cui è stato concepito. È uno dei metodi più efficaci per conservare il valore e ridurre il consumo di risorse:

- **Progettazione per il riutilizzo**: Creare prodotti che siano facili da smontare e che mantengano la loro qualità e funzionalità dopo più cicli di utilizzo.

- **Piattaforme di scambio e riparazione**: Incoraggiare lo sviluppo di piattaforme dove gli utenti possono scambiare o vendere oggetti usati, o dove possono ottenere servizi di riparazione a costi accessibili.

- **Standardizzazione dei componenti**: Progettare prodotti con componenti standardizzati che possono essere facilmente sostituiti o aggiornati, estendendo così la vita utile del prodotto.

Riciclaggio

Il riciclaggio trasforma i materiali di scarto in nuove materie prime per la produzione di nuovi prodotti, riducendo la necessità di estrarre e processare materie prime vergini:

- **Raccolta differenziata**: Implementare sistemi di raccolta differenziata efficienti che separino i rifiuti in base al tipo di materiale per facilitare il riciclaggio di alta qualità.

- **Tecnologie di riciclaggio avanzate**: Sviluppare e utilizzare tecnologie che possano migliorare l'efficienza del riciclaggio, riducendo la contaminazione dei materiali riciclati e aumentando la qualità dei materiali recuperati.

- **Normative sui contenuti riciclati**: Imporre requisiti per l'utilizzo di materiali riciclati nei nuovi prodotti, stimolando così la domanda di materiali riciclati nel mercato.

Recupero

Il recupero consiste nell'estrazione di energia o materiali da prodotti che non possono essere riutilizzati o riciclati:

- **Recupero energetico**: Utilizzare i rifiuti come fonte di energia, per esempio tramite l'incenerimento dei rifiuti per generare energia. Questo può ridurre la dipendenza dai combustibili fossili e contribuire a gestire i rifiuti non riciclabili.

- **Compostaggio**: Trasformare i rifiuti organici in compost può ridurre la quantità di rifiuti destinati alla discarica e fornire un miglioratore del suolo ricco di nutrienti per l'agricoltura e il giardinaggio.

Incorporando questi principi di riduzione, riutilizzo, riciclaggio e recupero, l'economia circolare non solo riduce l'impatto ambientale ma offre anche nuove opportunità economiche e stimola l'innovazione. Le politiche governative, l'impegno delle imprese e la consapevolezza dei consumatori sono tutti essenziali per promuovere un modello economico più circolare e sostenibile.

18. Educazione ambientale: Sensibilizzare il pubblico sul riscaldamento globale e sull'azione climatica attraverso l'educazione.

L'educazione ambientale è fondamentale per sensibilizzare il pubblico sul riscaldamento globale e incentivare l'azione climatica. Un pubblico ben informato è più propenso a sostenere e adottare misure sostenibili che possono aiutare a mitigare i cambiamenti climatici. Ecco come l'educazione ambientale può essere strutturata e implementata per massimizzare la sua efficacia:

Integrazione nei Curricula Scolastici

Incorporare l'educazione ambientale nei curricula scolastici fin dalla scuola primaria è cruciale per formare cittadini consapevoli e responsabili. Questo dovrebbe includere non solo informazioni sui meccanismi scientifici del riscaldamento globale e del cambiamento climatico, ma anche discussioni su stili di vita sostenibili e l'impatto delle azioni individuali sull'ambiente. Le lezioni possono essere integrate con attività pratiche come progetti di piantumazione di alberi, riciclaggio, e visite didattiche a centri di riciclaggio o riserve naturali.

Programmi di Formazione per Gli Insegnanti

Per insegnare efficacemente l'educazione ambientale, gli insegnanti stessi devono essere adeguatamente formati e supportati. I programmi di formazione professionale dovrebbero fornire agli insegnanti le conoscenze e le competenze necessarie per trattare argomenti ambientali complessi in modo accessibile e coinvolgente. Questo include l'accesso a risorse aggiornate, materiali didattici interattivi e opportunità di formazione continua.

Campagne di Sensibilizzazione Pubblica

Le campagne di sensibilizzazione pubblica sono essenziali per educare la più ampia comunità sui problemi del riscaldamento globale e sulle azioni necessarie per combatterlo. Queste campagne possono utilizzare vari media, inclusi spot televisivi, radio, social media, e manifesti pubblicitari, per raggiungere un pubblico vasto. Le campagne dovrebbero mirare a mostrare non solo i rischi del cambiamento climatico, ma anche le soluzioni pratiche che gli individui e le comunità possono adottare.

Programmi Educativi Interattivi e Tecnologia

Utilizzare la tecnologia per rendere l'educazione ambientale più interattiva e coinvolgente può aumentare l'impatto di queste iniziative. Ciò può includere l'uso di applicazioni mobili, giochi educativi, realtà virtuale (VR) e altre piattaforme digitali che permettono agli utenti di sperimentare gli impatti del cambiamento climatico in modo simulato o di esplorare scenari di mitigazione attraverso simulazioni interattive.

Collaborazione con Organizzazioni Ambientali

Le scuole e altre istituzioni educative possono beneficiare grandemente dalla collaborazione con organizzazioni ambientali locali e internazionali. Queste organizzazioni possono fornire esperti, risorse e supporto per progetti educativi, oltre a offrire opportunità per gli studenti di partecipare a iniziative ambientali reali, come pulizie di spiagge, monitoraggio della biodiversità, e programmi di conservazione.

Educazione Ambientale Non Formale

Oltre ai programmi formali, l'educazione ambientale può essere promossa attraverso attività non formali come workshop, conferenze, mostre e club ambientali. Questi formati possono essere particolarmente efficaci per raggiungere un pubblico adulto e coinvolgere la comunità in dialoghi e azioni ambientali dirette.

Valutazione e Aggiornamento Continuo

Per garantire che l'educazione ambientale rimanga rilevante e efficace, è essenziale implementare un sistema di valutazione e aggiornamento continuo dei contenuti e delle strategie. Questo permette agli educatori di adattare i programmi alle nuove scoperte scientifiche, ai cambiamenti politici e alle esigenze della comunità.

In sintesi, l'educazione ambientale è un pilastro fondamentale per sensibilizzare e mobilizzare la società contro il riscaldamento globale. Attraverso un impegno coordinato e multifacettato che coinvolge scuole, governi, organizzazioni e la comunità globale, è possibile informare e ispirare azioni che contribuiranno significativamente alla lotta contro il cambiamento climatico.

19. Partecipazione della comunità e azione civica: Coinvolgere le comunità locali in progetti di sostenibilità e iniziative verdi.

La partecipazione della comunità e l'azione civica sono essenziali per il successo di qualsiasi iniziativa di sostenibilità. Quando le comunità locali sono coinvolte attivamente nella pianificazione e nell'implementazione di progetti ambientali, gli sforzi tendono ad essere più efficaci, duraturi e ben accetti.

Ecco come il coinvolgimento comunitario può essere promosso e utilizzato per rafforzare le iniziative verdi:

Forum Comunitari e Workshop

Organizzare forum comunitari e workshop è un modo efficace per coinvolgere i cittadini nelle discussioni su questioni ambientali locali. Questi eventi offrono piattaforme per la condivisione di informazioni, l'espressione di preoccupazioni e la raccolta di feedback. Possono anche servire per informare la comunità sui benefici delle pratiche sostenibili e su come gli individui possono contribuire direttamente alla salute ambientale.

Progetti di Stewardship Ambientale

Creare opportunità per la stewardship ambientale, come giornate di piantumazione di alberi, programmi di pulizia di fiumi e spiagge, e giardinaggio comunitario, può aumentare il coinvolgimento civico. Questi progetti non solo migliorano l'ambiente locale, ma rafforzano anche il senso di appartenenza e responsabilità tra i membri della comunità.

Educazione Ambientale Locale

Offrire programmi educativi che si concentrano su questioni ambientali specifiche della regione può aiutare a sensibilizzare su questioni pertinenti e incentivare azioni mirate. Questi programmi possono essere ospitati in scuole, biblioteche, centri comunitari e online per garantire un ampio accesso.

Partenariati Pubblico-Privato

Incoraggiare i partenariati tra settori pubblici, privati e organizzazioni non governative può portare risorse, competenze e visibilità agli sforzi di sostenibilità locali. Questi partenariati possono aiutare a finanziare progetti comunitari, fornire supporto tecnico e promuovere iniziative attraverso canali di marketing congiunti.

Programmi di Sovvenzioni per Progetti Verdi

I governi locali possono offrire sovvenzioni o incentivi finanziari per progetti di sostenibilità proposti da gruppi comunitari o ONG. Questo non solo fornisce i mezzi necessari per attuare tali progetti, ma dimostra anche un impegno governativo nel supportare iniziative ambientali a livello di base.

Pianificazione Urbana Partecipativa

Integrare il coinvolgimento comunitario nella pianificazione urbana e nello sviluppo può garantire che le politiche e i progetti rispecchino le esigenze e le preferenze locali. La partecipazione attiva nella pianificazione può includere sondaggi, interviste, utilizzo di app di feedback e riunioni pubbliche.

Utilizzo di Tecnologia e Social Media

Sfruttare la tecnologia e i social media per coinvolgere le comunità offre un modo efficace e scalabile per diffondere la consapevolezza, organizzare eventi e monitorare il progresso di iniziative sostenibili.

Piattaforme online possono facilitare la collaborazione, la condivisione di risorse e la mobilitazione per azioni civiche.

Reti di Volontariato Ambientale

Supportare la formazione di reti di volontariato focalizzate su questioni ambientali può aiutare a mantenere l'entusiasmo e l'impegno a lungo termine per la sostenibilità. Queste reti possono anche agire come ambasciatori ambientali all'interno delle loro comunità, promuovendo pratiche sostenibili e reclutando altri volontari.

Attraverso questi metodi, è possibile coinvolgere efficacemente le comunità locali in una vasta gamma di iniziative verdi, rafforzando il loro impatto e garantendo il loro successo a lungo termine. La partecipazione attiva della comunità non solo aiuta a implementare soluzioni sostenibili, ma crea anche un ambiente più informato, responsabile e coeso, essenziale per il successo degli sforzi ambientali globali.

20. Conclusione e chiamata all'azione: Riassumere i punti chiave e incoraggiare i lettori a prendere misure concrete nella lotta contro il riscaldamento globale.

Nella nostra esplorazione della lotta contro il riscaldamento globale, abbiamo esaminato diversi aspetti cruciali che sottolineano l'importanza e la necessità di un'azione collettiva e individuale. È chiaro che il cambiamento climatico rappresenta una delle sfide più significative del nostro tempo, ma con la giusta combinazione di politiche, tecnologie, educazione e partecipazione comunitaria, possiamo intraprendere passi efficaci verso la mitigazione degli impatti e l'adattamento a un futuro sostenibile. Ecco un riassunto dei punti chiave e una chiamata all'azione per i lettori:

Riconoscimento dell'Urgenza

Il cambiamento climatico è qui e i suoi effetti sono già visibili in tutto il mondo. È imperativo che riconosciamo l'urgenza di agire ora per prevenire conseguenze più gravi. Ogni azione conta, e il ritardo può rendere il cammino verso soluzioni più difficile e costoso.

Partecipazione a Iniziative di Sostenibilità

Che si tratti di supportare politiche pubbliche che promuovono l'energia rinnovabile, partecipare a programmi di riciclaggio e riduzione dei rifiuti, o coinvolgersi in progetti comunitari di piantumazione di

alberi, l'azione individuale e collettiva è fondamentale.
Cerca e unisciti a iniziative locali che lavorano per un
impatto positivo sull'ambiente.

Adozione di Pratiche Sostenibili

A livello individuale, considera di adottare pratiche più
sostenibili nella vita quotidiana. Questo può includere
ridurre il consumo di energia, limitare gli sprechi di
acqua, scegliere opzioni di trasporto sostenibile come
biciclette o veicoli elettrici e supportare prodotti e
aziende che adottano pratiche rispettose dell'ambiente.

Supporto per le Politiche Ambientali

Informarsi e sostenere le politiche ambientali a livello
locale, nazionale e globale è essenziale. Vota per leader
e politiche che prioritizzano la sostenibilità, e fai
sentire la tua voce su questioni ambientali importanti.

Educazione Continua

L'istruzione è una delle armi più potenti nella lotta
contro il cambiamento climatico. Continua a informarti
sui problemi ambientali, le tecnologie emergenti e le
nuove scoperte scientifiche. Inoltre, condividi questa
conoscenza con amici, familiari e colleghi per
sensibilizzare ulteriormente e promuovere azioni
collettive.

Coinvolgimento della Comunità

Essere parte di una comunità che supporta la
sostenibilità può amplificare il tuo impatto. Unisciti a
gruppi o organizzazioni locali che si concentrano su

iniziative verdi e lavora insieme per fare la differenza nella tua area.

Ricerca di Soluzioni Innovative

Sostenere o investire in tecnologie e soluzioni innovative può accelerare la transizione verso un futuro più sostenibile. Dalle energie rinnovabili alle tecnologie di cattura del carbonio, le nuove idee e innovazioni continuano a emergere e hanno bisogno del supporto della comunità e dell'industria per essere realizzate.

Concludendo, la lotta contro il riscaldamento globale richiede un impegno concertato di governi, aziende, comunità e individui. Ogni azione, grande o piccola, contribuisce a un impatto collettivo significativo. È il momento di agire con determinazione e speranza, adottando misure concrete che non solo proteggano il nostro pianeta per le generazioni future, ma migliorino anche la qualità della vita oggi. L'azione è la sola risposta adeguata alla sfida del cambiamento climatico: partecipa, agisci e ispira gli altri a fare altrettanto.

Conclusione del Libro

Questo libro ha esplorato le sfide cruciali e le soluzioni innovative relative al riscaldamento globale, evidenziando l'importanza di un'azione coordinata e sostenuta per mitigare i suoi effetti devastanti. Abbiamo discusso diversi aspetti essenziali, dall'introduzione alle cause e agli effetti del riscaldamento globale, all'impatto sulle calotte glaciali, i sistemi meteorologici, la biodiversità e la salute umana. Abbiamo esaminato anche l'importanza della riduzione delle emissioni, del rimboschimento, dell'agricoltura sostenibile, e del ruolo fondamentale dell'educazione e della partecipazione comunitaria.

Abbiamo scoperto che ogni individuo, comunità e nazione ha un ruolo da svolgere. Le azioni variano dall'adozione di energie rinnovabili e pratiche di risparmio energetico all'interno delle case, al supporto di politiche e leggi che promuovano la sostenibilità a livello globale. L'importanza di educazione e sensibilizzazione è stata sottolineata come mezzo per equipaggiare ogni persona con la conoscenza necessaria per fare scelte informate e sostenibili.

Risorse Utili

Per chi cerca di approfondire ulteriormente o di partecipare attivamente alla lotta contro il riscaldamento globale, ecco alcune risorse che possono offrire assistenza e informazioni aggiuntive:

1. **Siti Web Educativi:**

   - **NASA Climate Change (climate.nasa.gov):** offre dati scientifici e risorse educative sul cambiamento climatico.

   - **National Geographic Environment (nationalgeographic.com/environment):** presenta articoli, foto e video che esplorano questioni ambientali globali.

2. **Guide Pratiche:**

   - **World Wildlife Fund (worldwildlife.org)**: offre consigli su come ridurre l'impatto ambientale personale e promuove progetti di conservazione.

   - **Environmental Protection Agency (epa.gov)**: fornisce risorse e suggerimenti su come gli individui possono contribuire alla sostenibilità.

3. **Piattaforme di Volontariato:**

   - **VolunteerMatch (volunteermatch.org)**: connette le persone con opportunità di volontariato ambientale nelle loro comunità.

   - **Idealist (idealist.org)**: un portale per trovare opportunità di volontariato, lavoro e stage nel settore ambientale.

4. **Risorse per l'Educazione Ambientale:**

   - **Project Learning Tree (plt.org)**: offre materiali educativi e workshop per educatori che vogliono integrare l'educazione ambientale nei loro curricula.

   - **Earth Day Network (earthday.org)**: fornisce materiali educativi e idee per progetti di gruppo che promuovono la consapevolezza e l'azione ambientale.

Questo libro è un invito all'azione. È essenziale che ciascuno di noi prenda misure proattive non solo nella nostra vita quotidiana ma anche supportando cambiamenti su scala più ampia nella politica e nell'industria. Solo attraverso sforzi collettivi e decisioni informate possiamo sperare di mitigare gli impatti del riscaldamento globale e garantire un futuro sostenibile per noi e per le generazioni future. Continuate ad apprendere, ad agire e a ispirare gli altri a fare lo stesso. La lotta contro il cambiamento climatico è una maratona, non uno sprint, e ogni piccolo passo conta verso la costruzione di un pianeta più sano e sostenibile.